KB028194

우주로 가는 문
# 달

# 우주로 가는 문
# 달

신화부터 과학까지
알아두면 쓸데 있는 유쾌발랄 달 이야기

_____ 고호관 지음 _____

마인드
빌딩

# 세상에서 가장 긴 여행

처음으로 달에 가보고 싶다고 생각했던 사람이 누군지는 모른다. 처음으로 달을 연구했던 사람이 누군지도 모른다. 처음으로 달을 쳐다보며 호기심을 드러낸 사람 역시 누군지 모른다. 역사 기록이 남기 이전에도 누군가는 달을 보며 이런저런 궁금증을 떠올렸을 것이다.

사람이 아니었을 수도 있다. 아마 처음으로 달에 호기심을 보인 존재는 원숭이를 닮은 사람의 조상이었을 것이다. 나무 꼭대기에 서였을지, 땅 위에서였을지는 모르겠지만 달을 보고 손을 뻗어 만지려고 시도해 본 생명체가 있었을 것이다. 당연히 실패했겠지만, 그때는 그 이유를 정확히 알지 못했다.

그 뒤로 지구를 지배하게 된 사람은 온갖 장소에 발자국을 찍었다. 높은 산에도 올라갔고, 바다 밑바닥에도 내려갔고, 외딴 섬이나 밀림 속, 사막, 극지방에도 기를 쓰고 발자국을 찍었다. 힘든 일이지만 어떻게든 방법을 마련해서 갔다.

그리고 마침내 달에도 발자국을 찍었다. 50년 전의 일이었다. 손을 뻗어 달을 따보려 했던 시기부터 치자면 무려 수십만, 혹은 수백만 년이 걸린 여행이었다.

그런데 금세 우주 시대가 시작될 것만 같았던 분위기와 달리 장 밋빛 미래는 쉽게 오지 않았다. 안타깝지만, 달에 가는 것보다 중요한 일이 지구에도 많았다. 사람들의 관심사도 이미 가본 달보다는 화성이나 목성 같은 다른 천체에 쏠렸다. 심지어는 미국의 달 착륙이 조작이었다는 음모론도 나왔다. 이 음모론은 구체적으로 반박이 다 되었음에도 불구하고 잊을 만하면 나타나 순진한 사람들을 현혹했다.

그렇게 관심사에서 슬쩍 밀려나 있던 달이 요즘 다시 빛을 받고 있다. 원조 달 탐사 국가인 미국과 러시아는 물론 중국, 일본 같은 신흥 우주국가가 새로운 달 탐사 경쟁을 시작했다. 우리나라도 달 탐사선을 발사할 준비를 하고 있다.

왜 다시 달에 가려는 걸까? 모험심이 넘치는 사람이라면 구구절절 이유를 들지 않아도 번쩍 손을 들고 앞장서겠지만, 그렇지 않은 사람이라면 이유를 곰곰이 생각해 볼 것이다.

과학 뉴스에 조금만 관심이 있다면 여러 가지 이유를 들었을 것이다. 우주 기술 확보, 달 기지 건설, 달에 있는 자원 등등. 사실 이런 이유를 들어도 단번에 마음에 확 와 닿으며 "우아, 달에 꼭 가야겠다!"라는 생각이 들지는 않는다. 당장 피부에 와 닿는 기후와 환경 문제를 해결하기 위한 노력도 힘겨워하는 우리가 언제 갈지 모르는 달에 신경을 쓰기란 쉽지 않다. 게다가 "거기 간다고 내 삶이 나아질 게 있나?"라며 코웃음 치는 냉소적인 사람을 설득하기는 더욱 어렵다.

달을 알아야 하는 이유, 달에 가야 하는 이유를 깨달으려면 시야를 넓혀야 한다. 멀리 보고 길게 보아야 한다. 달에 가려고 하는 건 달이 최후의 목적지라서가 아니다. 달은 시작이다.

과학의 발달은 우리가 자연을 더 잘 이해할 수 있게 해주었을 뿐 아니라 미래를 볼 수 있게 해주었다. 미래를 확실히 아는 건 당연히 불가능하지만, 어떤 미래는 거의 확실히 알 수 있다. 그 미래에 따르면, 지구는 언젠가 종말을 맞는다. 지구에 사는 우리는 시한부 인생을 살고 있는 셈이다. 한참 뒤에야 일어날 일이니 알 바 아니라고 생각할 수 있지만, 우리가 알고 있는 유일한 지적 생명체가 죽는다고 생각하면 얼마나 안타까운가.

사람이 먼 미래에도 계속 살아남으려면 지구 밖에서 사는 기술을 익혀야 한다. 우리는 운이 좋다. 만약 지구에 달이라는 가까운 이웃이 없었다면, 우주여행은 꿈조차 꾸지 못했을지도 모른다.

50년 전에 이루어진 달 여행은 세상에서 가장 긴 여행이었다. 그리고 21세기에 들어 우리나라를 포함한 세계 여러 나라는 세상에서 가장 긴 여행을 또다시 시작하고 있다. 바로 옆의 이웃인 달을 디딤돌 삼아서.

## Part 3

# 달 탐험의
# 역사와 미래

## Part 4

# 미래는
# 달에 있다

## Part 1

# 달,
# 특이한 우리의 이웃

# ☽
# 달,
# 얼마나 알고 있을까?

## 다른 나라에서 보는 달의 모양

우리는 달을 얼마나 알고 있을까? 개인적인 경험으로 이야기를 시작하려고 한다. 겨울 방학(호주는 여름)을 맞아 호주에서 배낭여행을 하고 있을 때였다. 다른 도시로 이동하려고 저녁 무렵 야간 버스를 탔다. 잠이 바로 오지 않아서 창밖을 멍하니 바라보고 있는데, 달이 눈에 띄었다. 가만히 쳐다보고 있자니 문득 이상한 느낌이 들었다.

그 당시 날짜가 설날 며칠 뒤였다. 설날에 집에 안부차 연락을 했기에 기억하고 있었다. 그런데 창밖으로 보이는 건 그믐달이 아닌가! 졸리기도 하고 약간 몽롱한 정신이었지만, 도무지 이 기이한 불일치를 그냥 넘길 수가 없었다. 내가 날짜를 잘못 세고 있었던 건가? 초승달과 그믐달을 헷갈리고 있는 건가?

© NASA

### 달의 주요 성질

| | |
|---|---|
| 적도 지름 | 3,476 km(지구의 0.273배) |
| 부피 | $2.2 \times 10^{10}$ km³(지구의 0.02배) |
| 질량 | $7.347 \times 10^{22}$ kg(지구의 0.0123배) |
| 궤도 반지름 | 384,400 km |
| 자전 주기 | 27.321일 |
| 공전 주기 | 27.321일 |
| 삭망 주기 | 29.53일 |

© Ian kirk

▲ 북반구 중위도에서는 초승달이 이렇게 보인다. 그러
나 지구의 어디에 있느냐에 따라 달은 다르게 보인다.

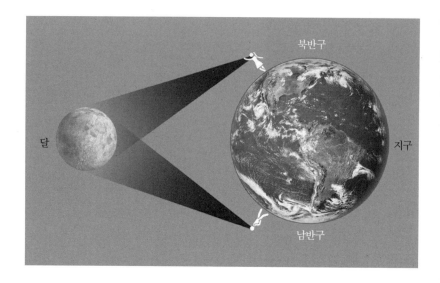

북반구

달

지구

남반구

 

얼마간 골똘히 생각한 뒤에야 퍼뜩 떠오르는 게 있었다. 나는 지금 호주에 있다. 호주는 남반구다. 남반구에서는 달이 거꾸로 보일 것이다. 그랬다. 날짜도 달도 틀리지 않았다. 한반도에서만 거의 평생을 살았던 내 시야가 좁았을 뿐이다. 달의 모양이 태양과 지구, 달의 위치뿐만 아니라 지구에서 보는 위치에 따라서도 달라질 수 있다는 사실을 미처 생각하지 못했던 것이다.

사실 조금만 생각해봐도 금세 알 수 있다. 달이 태양의 바로 앞에 있을 때는 우리 눈에 보이지 않는다. 그러다 달이 조금 더 공전하면 초승달이 된다. 북반구에 서 있는 사람이 볼 때는 달이 왼쪽을 향해 공전하므로 달이 태양의 왼쪽에 오게 된다. 따라서 달은 오른쪽부터 태양 빛을 받아 밝아진다. 그래서 북반구에서 보는 초승달은 오른쪽이 불룩하다.

남반구에서는 반대다. 북반구에 서 있는 사람이 물구나무를 서고 있다고 생각하면 비슷하다. 달은 오른쪽으로 공전하고, 왼쪽부터 밝아진다. 반달도 마찬가지다.

여기서 조금만 더 생각을 해보자. 초승달은 태양이 뜬 직후에 뜨기 때문에 낮에는 거의 보이지 않다가 초저녁에만 잠깐 보인다. 이때 보이는 초승달의 모습이 어떤가? 기억을 더듬어 보자. 북반구 중위도에 있는 우리나라에서 보이는 초저녁의 초승달은 보통 오른쪽 아래가 불룩한 모습이다. 완전한 오른쪽이 아니다.

왜 그럴까? 태양 빛이 닿은 부분만 빛이 난다는 점을 기억하자. 간단히 설명하면, 사선으로 저물고 있는 태양 빛을 받아 빛나므로 초승달도 태양이 움직이는 방향으로 불룩한 것이다. 만약 태양이 비스듬히 올라가고 있는 아침에 초승달을 볼 수 있다면, 초승달은 불룩한 부분이 오른쪽 위를 향하고 있을 것이다. 그리고 정오쯤에는 오른쪽이 불룩할 것이다. 보통 우리는 초저녁의 초승달만 볼 수 있으므로 오른쪽 아래가 불룩한 모습이 익숙할 뿐이다.

적도에서 초승달을 본다면 더 신기하다. 달은 거의 수직으로 뜨는 태양을 따라 떠오른다. 따라서 오전에는 동쪽에서 위쪽이 불룩한 초승달이 보일 것이다. 그리고 초저녁에는 서쪽에서 아래가 불룩한 초승달을 볼 수 있다. 수평선 아래로 내려가기 직전의 초승달은 마치 물 위에 뜬 배처럼 보일 것이다. 이처럼 위도에 따라서 초승달의 모습은 달라진다.

그뿐만 아니라 계절에 따라서도 달라진다. 계절에 따른 지구의 기울기를 고려하면 각 지역에서 볼 수 있는 달의 모습을 추측할 수 있다.

## 달은 얼마나 밝을까?

한 번만 더 경험담을 들어보자. 어린 시절에 달에 관해 아주 궁금한 게 하나 있었다. 바로 낮에 뜨는 달의 정체였다. 어린 마음에 태양이 보일 때는 낮이고, 달이 떠 있을 때는 밤이라고 마치 공식처럼 알고 있었기에 파란 하늘을 배경으로 하얗게 떠 있는 달이 너무 이상해 보였던 것이다.

물론 달은 낮에도 뜬다. 낮에는 태양에 밀려서 잘 보이지 않을 뿐이다. 그래서 무심코 달은 밤에만 뜨는 것으로 생각했을지도 모른다. 그만큼 달은 밤이 되면 존재감을 확연히 드러낸다. 요즘에는 인공조명이 많아 달빛의 위력을 맛보기 어렵지만, 제아무리 밝은 별도 보름달을 만나면 초라하게 죽어버리고 만다.

보름달일 때 달의 겉보기 등급은 약 -12.7등급이다. 겉보기 등급은 천체의 밝기를 나타내는 단위로 고대 그리스 철학자 히파르코스Hipparchos가 가장 밝은 별을 1등급, 가장 어두운 별을 6등급으로 정한 데서 유래했다. 등급이 낮을수록 더 밝다는 뜻이며, 1등급 낮아지면 밝기는 약 2.5배 늘어난다.

밤하늘에서 가장 밝은 별인 시리우스는 겉보기 등급이 -1.5 정도다. 따라서 하늘에서 보이는 보름달의 밝기는 시리우스의 약 2만 8000배다. 행성인 목성은 겉보기 등급이 거의 -3까지 밝아지는데, 그래도 보름달 밝기의 7000분의 1 수준이다. 보름달이 뜨면 근방에 있는 천체를 관측하는 일은 포기해야 할 정도다.

초승달이나 반달일 때는 어떨까. 반달이면 크기가 절반이니까 밝기도 2분의 1이라고 생각하기 쉽다. 하지만 실제로 반달의 밝기는 보름달의 약 10분의 1 정도밖에 되지 않는다. 태양과 지구, 달 사이의 각도가 달라서 달 표면에서 반사되어 지구로 오는 태양 빛의 양이 줄어들기 때문이다.

달의 밝기가 보름달일 때의 절반이 되려면 95퍼센트는 차올라야 한다. 보름달이 되기 약 2.5일 전이다. 그 정도면 우리 눈에는 보름달이나 다름없어 보이겠지만, 실제로는 밝기 차이가 크게 난다. 또, 상현달과 하현달은 크기는 같아도 밝기가 다르다. 달 표면이 고르지 않아 반사율에 차이가 나서 이런 현상이 생긴다. 상현달일 때 태양 빛을 받는 부분이 반사율이 높아 하현달일 때보다 더 밝다.

태양과 달의 밝기는 얼마나 차이가 날까? 태양의 겉보기 등급은 약 -26.7이다. 보름달과 겉보기 등급이 14등급 차이가 나기 때문에 2.5의 14제곱을 하면 약 37만. 태양이 거의 40만 배 밝다. 달이

▲ 보름달은 별을 압도할 정도로 밝지만, 태양과는 비교도 되지 않는다.

▲ 지구와 달의 거리를 실제 비율로 나타내면 대략 이 정도다.
달 탐사의 위대함을 새삼 느낄 수 있다.

반사해서 다시 지구로 보내주는 빛은 태양이 내뿜는 빛과 비교하면 새 발의 피인 셈이다. 예를 들어, 보름달 아래의 새하얀 눈밭과 태양 빛 아래의 새까만 아스팔트 중 어느 쪽이 더 밝을까? 아스팔트의 빛 반사율은 약 4~10퍼센트다. 눈밭이 달빛을 100퍼센트 반사한다고 해도 태양 빛을 받은 아스팔트가 훨씬 더 밝다.

### 달과 태양의 크기가 같아 보이는 이유는?

만약 달이 지구에 더 가깝거나 멀다면 밝기도 달라졌을 것이다. 현재 지구에서 달까지의 거리는 약 38만 킬로미터. 수치로만 보면 감이 잘 오지 않는데, 지구의 지름이 1만 2800킬로미터이므로 그 사이에 지구를 30개 늘어놓을 수 있다. 지구를 제외한 태양계의 다른 모든 행성도 지구와 달 사이에 너끈히 들어갈 수 있는 거리다.

사실 지구에서 달까지의 거리가 항상 똑같은 건 아니다. 궤도 위의 위치에 따라 조금씩 달라진다. 가장 멀 때와 가장 가까울 때의 차이는 약 4만 킬로미터다. 가까울 때는 달이 평소보다 좀 더 크고 밝게 보인다. 이런 달을 '슈퍼 문'이라고 한다.

여기서 재미있는 사실이 하나 있는데, 지구에서 볼 때의 크기는 태양과 달이 거의 똑같다. 지구에서 보는 태양과 달의 크기는 보통 각지름으로 이야기하는데, 약 0.5도다. 각지름은 우리 눈에서 천체의 양 끝에 선을 그었을 때 그 사이의 각을 말한다. 즉 하늘의 둘레는 360도다. 이를 360개로 나누고 다시 반으로 나누면 우리가 보는 태양과 달의 크기가 된다.

이 둘이 거의 같은 건 태양이 더 큰 만큼 더 멀리 떨어져 있기 때문이다. 태양은 지름이 달의 400배나 되지만, 지구에서 400배 더 멀다. 이는 절묘한 우연의 일치다. 만약 우리가 보는 태양과 달의 크기가 매우 달랐다면, 인류의 종교와 문화는 어떻게 발전했을까? 그런 경우에는 태양과 달을 한 쌍, 혹은 대응되는 개념으로 생각하지 않았을 것이다.

겉보기 크기가 같은 덕분에 지금처럼 크기가 똑같은 원반 두 개가 겹치는 신비한 일식이 일어날 수 있다. 달이 더 크면 태양을 완전히 뒤덮어버릴 것이고, 달이 더 작다면 개기일식 대신 둥글고 검은 점이 태양을 지나가는 모습만 보일 것이다.

실제로 먼 미래에는 달이 태양보다 작아져서 개기일식이 일어나지 않게 될 것이다. 아폴로 계획 때 설치한 반사경으로 거리를 측정한 결과 달은 매년 3.8센티미터씩 지구에서 멀어지고 있다. 수십억 년 뒤의 미래에 지구에 살고 있을 우리의 후손과 다른 생명체는 지금보다 훨씬 작고 초라한 달을 보게 될 것이다. 물론 수십억 년 뒤면 태양이 부풀어 올라 지구가 뜨거워질 테니 그때는 달을 바라봐 줄 생명체가 남아 있지 않을지도 모른다.

반대로 오랜 옛날에는 달이 지금보다 지구에 훨씬 더 가까웠다. 바다에서 땅으로 진출한 우리의 조상은 지금 우리가 보는 것보다 훨씬 더 크고 밝은 슈퍼 문을 보았을 것이다. 이때 문명이 발전했다면 태양보다 달을 더 숭배하는 문화가 생겼을 수도 있다.

## 위성답지 않은 덩치

물론 지금도 달은 작다고 할 수 없다. 달은 태양계의 행성에 딸린 위성 중에서 큰 편에 속한다. 목성의 가니메데, 토성의 타이탄, 그리고 다시 목성의 칼리스토와 이오에 이어 다섯 번째로 크다. 그리고 모행성과 비교한 상대적인 크기로는 가장 크다. 위성 중에서 가장 큰 가니메데는 행성인 수성보다도 크지만 지름이 목성의 0.037배에 불과하다. 두 번째로 큰 위성인 타이탄도 지름이 토성의 0.044배다. 달은 지름이 지구의 거의 0.3배 가까이 된다. 그럼에도 지구-달은 이중행성계가 아니라 행성과 위성이다. 지구와 달의 질량중심이 지구 내부에 있기 때문이다.

태양계에 있는 암석형 행성에 이 정도 크기의 위성이 있는 건 지구가 유일하다. 수성과 금성은 위성이 없다. 화성은 포보스와 데이모스라는 두 위성이 있지만, 이 둘은 크기가 10킬로미터 정도에 불과하다. 소행성과 비슷해서 지나가던 소행성이 화성의 중력에 잡혀서 위성이 되었을 가능성이 크다. 포보스보다 더 작고 화성에서 더 멀리 있는 데이모스는 화성에서 봤을 때 밝은 별 정도로 보인다. 지구의 달과는 비교할 수도 없다. 포보스도 작긴 마찬가지지만, 화성으로부터의 거리가 수천 킬로미터 정도로 가까워 밝을 때는 지름이 보름달의 3분의 1 수준으로 보인다.

왜소행성으로 범위를 넓히면 오히려 비교해볼 만한 대상이 있다. 2006년 행성에서 탈락해 왜소행성 134340이 된 명왕성이다. 명왕성에는 위성이 5개 있는데, 가장 큰 카론은 지름이 명왕성의 절반이나 된다. 그래서 명왕성과 카론의 질량중심은 명왕성 바깥에 있다. 명왕성과 카론은 각자 이 질량중심 주위를 돌고 있다.

지구와 달의 질량중심은 지구 내부에 있어 달이 지구의 위성임이 분명하다. 반면 카론은 명왕성 주위를 도는 위성이라기보다는 공통의 질량중심을 도는 이중 행성에 가깝다. 실제로 카론은 행성으로 올라설 뻔하기도 했다. 2006년 국제천문연맹IAU이 행성을 정

▲ 지구와 가니메데. 달의 크기 비교. 달은 태양계에서 가장 큰 위성인 가니메데에 비해서도 그렇게 작지 않다.

의하면서 '둥근 형태를 유지할 정도로 중력이 크면서 태양 주위를 도는 위성이 아닌 천체'로 초안을 잡았기 때문이다.

그러나 그렇게 정의하면 태양계에 행성이 너무 많아지는 문제가 생긴다. 지구에서 점점 멀어지고 있는 달도 먼 훗날 질량중심이 지구 밖으로 나가면 행성이 된다. 결국, 여러 차례의 토론 끝에 '다른 천체를 밀어내거나 융합함으로써 자신의 궤도를 완전히 장악해야 한다'라는 조건이 덧붙으면서 명왕성이 행성에서 탈락하는 일이 벌어졌다. 카론이 행성으로 올라서는 일도 자연스럽게 흐지부지 사라졌다. 그렇다고 명왕성처럼 왜소행성 목록에 오르지도 못했다. 결국, 카론은 위성이라고는 하지만 엄밀히 따지면 위성이라고 하기는 뭣하고 왜소행성도 못 되는 어정쩡한 상태로 남고 말았다.

### 달의 뒷면은 어두울까?

자신의 덩치에 걸맞지 않게 큰 달을 위성으로 둔 지구에 사는 인간은 덕분에 망원경 같은 도구가 등장하기 전부터 다른 천체의 표면 모습을 관찰할 수 있었다. 그러나 달은 자신의 모습을 전부 보여주지 않았다. 지구에 생명체가 등장한 이래 아주 최근까지 그 어떤 생명체도 달의 한 면밖에 보지 못했다. 이 면을 우리는 앞면이라고 부른다.

지구에서 달의 한 면만 볼 수 있는 건 조석 고정 현상 때문이다. 천체가 자신보다 질량이 큰 천체 주위를 돌 때 공전 주기와 자전 주기가 같아지는 것을 말한다. 동주기 자전을 한다고도 한다. 원리는 다음과 같다.

지구는 달에 조석력을 발휘한다. 조석력은 거리에 따른 중력의 차이에 의해 나타나는 현상이다. 밀물과 썰물이 바로 달이 지구에 발휘하는 조석력 때문에 일어난다. 달에는 바다가 없지만, 지구의 조석력은 달을 찌그러뜨려 타원 모양으로 만든다. 그러면 불룩한 부분이 양쪽에 두 군데 생긴다. 이 불룩한 부분은 지구와 달을 잇는 직선 위에 놓인다. 만약 달이 자전해 불룩한 부분이 이 직선에서 벗어난다면 다시 돌아오려는 힘을 받는다. 이 과정이 오랫동안 지속되면서 조석 고정이 일어나는 것이다. 마찬가지로 달의 조석력도 지구의 자전 속도를 점점 느리게 만든다.

조석 고정은 큰 행성에 딸린 위성에서는 흔히 볼 수 있는 현상이다. 목성의 4대 위성인 이오, 유로파, 가니메데, 칼리스토와 토성의 가장 큰 위성인 타이탄 모두 동주기 자전을 한다. 그뿐만 아니라 태양계의 위성 대부분이 그렇다. 목성에서 보는 유로파도, 토성에서 보는 타이탄도 모두 한 면만을 보여준다. 명왕성과 카론은 서로 각자에게 조석 고정이 되어 있다. 둘 다 상대방에게 한 면만을 보여주며 회전한다.

지구에서 보이는 달이 언제나 같은 면이라고 해서 정확히 절반인 건 아니다. 달을 자세히 관찰하면 달이 위아래, 좌우로 조금씩 흔들리는 모습을 볼 수 있다. 달이 타원 궤도를 그리며 움직인다는 점, 지구 궤도가 기울어 있다는 점 등으로 인해 지구에서 볼 수 있는 달의 표면은 조금씩 달라진다. 우리가 꾸준히 관측한다면 볼 수 있는 달 표면은 전체의 약 59퍼센트다. 나머지 41퍼센트를 보기까지는

▲ 달의 뒷면은 볼 일이 거의 없다 보니 생소하다. 앞면보다 크레이터가 많다.

지구 생명체가 눈을 진화시킨 뒤로 5억 년이 넘는 세월이 걸렸다.

그래서 흔히 달의 뒷면을 '어두운 면'이라고도 부르는데, 이는 다분히 우리 기준이다. 행성이 태양에 조석 고정된 상태라면, 태양을 향한 면은 항상 빛을 받고 반대쪽은 전혀 빛을 받지 못한다. 만약 지구가 태양에 조석 고정되어 있다면, 밝은 면은 너무 뜨겁고 어두운 면은 너무 추워서 생명체가 살기 어려웠을 것이다.

그러나 달은 지구가 아닌 태양으로부터 빛을 받는다. 따라서 지구를 공전하는 동안 모든 면에 골고루 태양 빛을 받는다. 우리가 보기에 뒷면이 안 보인다고 해서 그렇게 부를 뿐이지 뒷면이 태양 빛도 들지 않는 어두운 곳은 아니다. 지구에서 그믐달이 뜰 때 달의 뒷면은 태양 빛을 흠뻑 받고 있다.

## 달에서 보는 지구의 모습은?

물론 달의 뒷면에서는 지구를 볼 수 없다. 달에서 지구를 보려면 앞면에 서야 한다. 달 표면에 서서 보는 지구는 어떤 모습일까? 달의 적도에 서 있다면, 지구는 하늘 꼭대기에 보일 것이다. 달의 밤하늘에 뜬 지구는 지구의 밤하늘에 본 지구보다 더 크다. 지구의 지름은 달의 3.7배 정도이므로 달에서 보는 지구도 그만큼 크다. 당연히 밝기도 더 강하다. 크기도 하거니와 지구는 달보다 태양 빛을 더 많이 반사한다.

지구의 반사율은 약 37퍼센트로 약 12퍼센트인 달의 3배 정도다. 이것만으로도 적어도 3배는 밝을 것이다. 게다가 지름이 3.7배이므로 면적은 약 14배가 된다. 이 둘을 고려하면 완전히 둥그렇게 보일 때(보름지구?) 지구는 보름달보다 매우 밝을 것이다. 시커먼 밤하늘에서 푸른색과 흰색으로 이루어진 커다란 구슬이 보름달의 수십 배나 되는 광휘를 지상에 뿌려준다고 상상해보자. 죽기 전에 반드시 한 번쯤 보고 싶은 풍경이다.

지구에서 달을 보는 것과 달에서 지구를 보는 것에는 또 다른 점도 있다. 달에서 보는 지구는 지평선에서 떠올라 반대쪽으로 지지 않는다. 달이 항상 같은 면을 지구로 향하고 있으므로 달에서 보는 지구는 하늘의 같은 곳에 떠 있다. 물론 달의 움직임 때문에 지구도 똑같은 지점에만 있지는 않는다. 달과 지구의 공전 궤도도 5도 차이로 기울어져 있으므로 달이 공전함에 따라 하늘에 떠 있는 지구도 조금씩 움직인다.

그래도 지구에서 보이는 달의 가운데 근처에 서 있다면 아예 지평선 아래로 지는 일은 일어나지 않는다. 달에서 지구가 지평선 위로 솟아오르는 장면을 보려면 달의 앞면과 뒷면 사이의 좁은 공간으로 가야 한다. 그곳에서는 지구가 움직이면서 지평선 아래로 내려갔다 올라오는 모습을 볼 수 있다. 물론 지구에서 태양이나 달이 뜨고 지듯이 지평선 아래로 가라앉았다가 반대쪽에서 솟아 나오는 건 아니다. 만약 지구가 땅 아래에서 떠올라 반대쪽으로 가라앉는 모습을 보고 싶다면, 걸어서 혹은 날아서 달 주위를 돌아야 한다. 몇몇 달 탐사선이 이 방법으로 달에서 지구돋이를 감상할 수 있었다.

한곳에 머물러 있다고 해서 매번 똑같은 모습만 보이는 건 아니다. 지구에는 달에 없는 것이 있다. 바로 기상 현상이다. 태풍이 휘몰아치기도 하고 구름의 모양도 시시각각 바뀐다. 구름이 없어 대륙과 푸른 바다를 훤히 드러내 보일 때도 있다. 기상 현상에 더해 지구는 달이 공전하는 것보다 빨리 자전한다. 똑같은 면만 보이는 달과 달리 지구는 자신의 몸을 회전시켜가며 모든 면을 달에게 보여준다. 달에 생명체가 살았다면 변화무쌍한 지구의 모습에 경탄했을 것이다.

그러면서 지구는 달처럼 모양이 변한다. 지구에서 보는 달과 똑같이 위상 변화를 겪는다. 초승지구, 반지구, 보름지구라고 해야 할까? 태양-지구-달의 위치에 따라 달에서 보는 지구는 모양이 달라진다. 지구에 그믐달이 뜨면 달에는 보름지구가 뜬다. 지구에서 초승달이 반달로 변해가면, 달에서는 보름지구가 반지구로 변

우주로 가는 문 달 —

28

▲ 아폴로 17호가 달 궤도를 돌며 초승달 모양의 지구가 떠오르는 모습을 찍었다.

해간다. 지구에서 보름달이 뜨면 달에서는 지구가 태양과 같은 방향에 있으므로 보이지 않는다.

잠깐. 이때 지구가 태양을 가릴 수 있을까? 물론이다. 지구에서 볼 때 달이 태양을 가려 일식이 일어나듯 달에서도 지구가 태양을 가려 일식이 일어난다. 지구는 달보다 크기 때문에 태양을 더 오래 가린다. 따라서 달에서 보는 개기일식은 지구에서 보는 개기일식보다 길다.

또, 지구에 대기가 있다는 사실은 달에서 보는 개기일식을 다르게 만든다. 대기가 거의 없는 달은 태양을 가릴 때 날카로운 선으로 그은 듯이 또렷하게 가리지만, 지구는 대기가 있어 태양 빛을 굴절시킨다. 태양 빛 중에서도 파장이 짧은 푸른색 빛은 도중에 산란되고 파장이 긴 붉은 빛이 달을 향해 날아간다. 달에서 보면 지구의 가장자리가 붉게 빛나며 둥근 고리를 이루고 있을 것이다.

반대로 지구에서 개기일식이 일어나고 있을 때 달에서 지구를 보면 어떻게 보일까? 달의 그림자가 지구 위를 지나가는 모습을 볼 수 있다. 지구를 뒤덮을 정도로 크지 않으므로 검고 둥근 원반이 지구 위를 지나가는 것처럼 보일 것이다. 이 그림자가 지나가는 지역이 개기일식을 볼 수 있는 곳이다.

## ☽ 출생의 비밀을 간직한 달

앞에서 언급했듯이, 달은 지구에 어울리지 않는 위성이다. 그런데 우리는 어떻게 이 특이한 이웃을 갖게 됐을까? 목성이나 토성에나 있을 법한 커다란 위성이 어떻게 조그만 행성인 지구에 생겼을까? 이런 특이함 때문에 달은 고도로 발달한 존재가 만든 인공 구조물이라는 황당한 음모론이 생기기도 했다.

이 의문에 대답하기 전에 태양계의 시작으로 돌아가 보자. 약 46억 년 전 우리 은하의 한 변두리에서 거대한 분자 구름이 한 곳으로 뭉치기 시작했다. 물질 대부분은 중심으로 쏠렸고, 그곳에서 핵융합 반응이 일어나며 태양이 되었다. 지금도 태양은 태양계 전체 질량의 99.86퍼센트를 차지한다.

나머지 물질은 아직 원시별이었던 태양 주위를 돌다가 서로 충돌하면서 달라붙어 점점 커졌다. 태양과 가까운 곳에서는 금속이나 암석처럼 녹는점이 높은 물질이 뭉치고 서로 부딪치기를 반복하면

▲ 항성계 초기의 모습을 상상한 그림. 조그만 천체가 계속 부딪치면서 행성을 이룬다.

서 수성, 금성, 지구, 화성 같은 단단한 행성이 되었다. 태양 빛이 약해 휘발성 물질이 얼음 상태로 있을 수 있는 먼 곳에서는 목성과 토성, 해왕성, 천왕성 같은 가스 행성이 생겼다.

태양과 태양에 딸린 행성이 이런 방식으로 생겼다면, 자연스럽게 행성에 딸린 위성도 똑같은 방식으로 생각할 수 있다. 실제로 목성이나 토성의 주요 위성은 이와 같은 방식으로 태어났다. 달 역시 태양계가 생길 때 지구와 함께 동시에 탄생했을 수 있다.

그런데 달은 이런 식으로 탄생했다고 설명하기가 어려웠다. 오늘날 태양계의 기원을 설명하는 주요 이론인 성운설을 만든 18~19세기의 프랑스 수학자 피에르시몽 드 라플라스Pierre Simon Laplace도 이 사실을 알아차렸다. 지구 주위의 원반에서 생겼다기에는 달이 너무 컸다. 거리도 너무 멀었다.

달이 지구와 함께 태어났다는 동시생성설을 지지한 사람으로는 같은 프랑스의 수학자 에두아르 로슈Édouard Roche가 있었다. 로슈는 라플라스의 성운설을 수학적으로 연구했으며, 라플라스가 인지한 문제를 해결하기 위해 노력했다. 그런데 얼마 안 되어 강력한 경쟁자가 등장했다.

## 달의 기원은 지구

1845년에 태어난 영국의 천문학자 조지 다윈George Howard Darwin은 케임브리지대학을 졸업했다. 졸업 당시만 해도 대학의 전통 있는 수학경시대회에서 2등이라는 성적을 차지하는 등 과학자로 앞날이 유망했으나 법률에 뜻을 두기도 하는 등 잠시 방황하는 시간을 보냈다. 결국, 다시 과학으로 돌아온 다윈은 지구와 달의 조석 현상에 관한 이론을 연구했다. 그리고 1870년대 후반부터 달의 기원에 관심을 두고 연구하기 시작했다.

다윈과 달의 기원이라고 하니 어딘가 익숙한 느낌이 들지 않는가? 그렇다. 조지 다윈은 진화론의 창시자인 찰스 다윈Charles Robert Darwin의 아들이다. 아버지는 종의 기원을 연구했고, 아들은 달의 기원을 연구했으니 잘 어울리는 부자라 할 수 있다.

다윈이 생각한 달의 기원은 분리설이다. 17세기에 활동했던 위대한 과학자 아이작 뉴턴Isaac Newton은 지구가 완벽하게 둥글지 않다고 생각했다. 극지방은 눌려 있고, 적도 부분이 부풀어 오른 모양이라는 이야기였다. 뉴턴은 옳았다. 지구는 자전하므로 적도 부분은 바깥쪽으로 힘을 받는다. 지구가 완전히 단단한 물질이라면 모

◀ 분리설을 주장한 조지 다윈의 모습.

양까지 변하지는 않았겠지만, 암석으로 이루어진 지구도 어느 정도
는 유연하다. 따라서 원심력을 많이 받는 적도가 부풀어 오른다.

만약 지구가 유체라면 그 정도는 더욱 심할 것이다. 자전하는
속도가 빨라지면, 그만큼 지구는 더 납작해진다. 뉴턴 이후 유체가
자전할 때 모양이 변하는 현상에 관해서는 수학적인 연구도 이루
어졌다.

다윈도 이를 알고 있었다. 또, 조석 현상을 연구하는 과정에서
과거에는 달이 지금보다 지구에 더 가까웠다는 사실도 밝혀냈다.
이때 지구와 달이 아직 뜨거워 녹아 있는 상태라면 어떨까. 달이
지구에 점점 가까워질수록 지구와 달의 모양은 점점 더 납작해진
다. 서로 상대를 향해 불룩하게 튀어나온 타원 모양이 될 것이다.
여기서 더 과거로 거슬러 올라간다면……?

자연스럽게 지구와 달이 합쳐지는 모습을 떠올릴 수 있다. 다윈
이 생각한 분리설은 이 과정을 거꾸로 하면 된다. 과거 지구가 뜨거

워서 녹아 있는 상태일 때 빠른 속도로 자전한다. 지구는 점점 양옆으로 불룩해지다가 마침내 일부가 떨어져나온다. 떨어져나온 부분이 둥글게 뭉쳐서 달이 된다. 처음에는 가까이 있었지만, 시간이 흐르면서 점점 멀어져 지금의 거리에 이른다. 찰스 다윈의 아들 조지 다윈이 생각한 달의 기원이었다.

분리설을 지지한 사람들은 여기에 새로운 내용을 추가했다. 영국의 지질학자 오스몬드 피셔Osmond Fisher는 달이 떨어져 나가고 남은 자리가 태평양이 되었다고 주장했다. 미국의 천문학자 윌리엄 헨리 피커링William Henny Pickering도 같은 이야기를 했다. 게다가 아메리카, 아시아, 아프리카, 유럽 대륙이 원래는 모두 붙어 있었는데, 달이 떨어져 나가면서 지금처럼 나뉘었다고도 덧붙였다. 알프레드 베게너Alfred Wegener보다 먼저 대륙 이동을 주장한 셈이다.

## 지구의 포로?

또 다른 경쟁 이론은 포획설이다. 1866년 태어난 미국인 천문학자 토머스 제퍼슨 잭슨 시Thomas Jefferson Jackson See가 1909년에 내놓은 이론이다. 달은 원래 다른 곳에서 생겨난 천체였는데, 지구 근처를 지나가다가 지구 중력에 붙잡혀 위성이 되었다는 것이다.

일어날 수 없는 일은 아니다. 실제로 태양계의 위성 상당수는 이 방법으로 생겼다. 목성과 토성에 딸린 조그만 위성, 화성의 두 위성이 그렇다. 이렇게 생긴 위성은 대부분 궤도가 불규칙하고 크기가 작다. 해왕성의 위성인 트리톤은 예외적으로 큰 편으로, 왜소행성이 붙잡혀 위성이 된 것으로 추측하고 있다.

문제는 지구에게 붙잡히기에는 달이 너무 크다는 데 있다. 지구보다 훨씬 큰 해왕성에 붙잡힌 트리톤도 달보다는 작다. 빠르게 움직이던 달의 속도가 느려져 지구에 묶이게 되는 과정을 설명해야만 했다.

그래서 시는 다소 무리한 주장을 펼쳤다. 우주가 진공이 아니라는 것이다. 모종의 물질이 우주에 퍼져 있어서 움직이는 달에 제동을 걸었다고 생각했다. 19세기에 우주가 에테르라고 하는 매질로 가득 차 있다는 이론이 있었지만, 이때는 이미 마이켈슨-몰리 실험Michelson-Morley experiment으로 부정이 된 뒤였다. 그럼에도 시는 알 수 없는 물질의 존재를 주장했다.

시의 이런 주장은 포획설에 별로 도움이 되지 않았다. 창시자가 해코지를 놓는 꼴이 되었지만, 그 뒤로도 포획설은 꾸준한 지지를 받았다. 여러 사람이 뛰어들어 달이 지구에 포획되기 위해서는 어떤 속도로 어디서 다가와야 했는지 시뮬레이션했다.

포획설을 지지한 과학자 중에는 중수소를 발견해 노벨화학상을 받은 해럴드 유리Harold Clayton Urey도 있었다. 시험관 안에 원시 지구의 환경을 재현한 뒤 번개와 같은 방전을 일으키자 유기물이 생겨났다는 유리-밀러 실험Urey-Miller's experiment을 한 바로 그 유리다. 생명의 실험에 관한 유명한 실험으로, 지구에 최초의 생명체가 태어난 방법에 관한 실마리를 제공하고 있다.

유리는 달이 처음부터 차갑고 죽은 천체라는 학설을 고수하고 있었다. 녹아 있던 적이 없었으므로 태양계 초기의 성분을 그대

▲ 트리톤은 해왕성의 자전과 반대 방향으로 공전한다는 점, 명왕성과 비슷하다는 점에서 카이퍼 대에서 있다가 잡혀 온 것으로 추정하고 있다.

로 갖고 있을 것이라고 기대했다. 그래서 유리로서는 녹아 있던 지구에서 달이 떨어져 나왔다는 분리설을 받아들일 수 없었다. 유리는 아폴로 11호가 월석을 가지고 돌아오자 이를 분석하기도 했고, "못 돌아와도 상관없으니까 내가 갈게요"라며 달에 보내 달라고 부탁하기도 했다.

## 달에서 발견한 5만 년 전의 인간 시체

달의 한 동굴에서 우주복을 입은 정체불명의 인간 시체가 발견된다. 신원을 밝히기 위해 조사를 해보지만, 시체에는 신분증 같은 게 전혀 없다. 월면 기지에서 행방불명된 사람도 없다. 그런데 우주복을 조사한 결과 놀라운 사실이 드러난다. 이 시체의 주인공은 5만 년 전에 죽었던 것이다.

1977년 제임스 호건이 발표한 소설 《별의 계승자》에는 달의 기원에 관한 흥미로운 설정이 나온다. 반전이 중요한 소설이므로 만약이 소설을 읽을 계획이 있다면, 여기서 읽기를 멈추고 소설을 찾아 읽도록 하자. 그럴 계획이 없는 사람을 위해서 소설의 설정을 간단히 소개한다.

정체불명의 시체는 인간과 같은 종족이지만, 지구가 아니라 화성과 목성에 있었던 미네르바라는 행성 출신이다. 미네르바에는 또다른 외계인이 지구에서 가져와 풀어놓은 영장류의 후손이 인간으로 진화해 번성하고 있었다. 이들은 두 국가로 나뉘어 전쟁을 벌였고, 그 결과로 미네르바는 파괴되고 만다. 미네르바의 파편은 오늘날 소행성대를 이루고 있다.

달은 사실 과거 미네르바의 위성이었다. 그런데 미네르바가 파괴될 때 충격으로 궤도를 벗어나 태양을 향하다가 지구에 붙잡혀 지구의 위성이 된 것이다. 그래서 달에서 인간의 시체가 나올 수 있었던 것이다. 달의 뒷면 지각이 더 두꺼운 건 미네르바의 파편이 날아와 달에 쌓였기 때문이다.

달과 소행성대의 수수께끼에 상상력과 치밀한 논리를 덧붙여 만들어낸 흥미로운 이야기다. 여기에서 드러내지 않은 사건의 전말도 있으니 기회가 된다면 한 번 읽어보기를 권한다.

## 월석은 답을 알고 있다

이 세 가지 가설 중에서 뚜렷한 승자가 나오지는 못했다. 각자 그럴듯한 내용이 있었지만, 명쾌하게 해결되지 않는 문제 역시 분명했기 때문이다.

1960~1970년대에 아폴로 계획이 성공해 달에서 월석을 가져오면서 해결의 실마리가 나타나기 시작했다. 달 탄생의 비밀을 쥐고 있는 월석은 정말로 중요한 대접을 받았다. 아폴로 11호가 가져온 월석 상자는 각각 다른 헬리콥터에 실려서 이동했다. 헬기가 하나 추락해도 모두 잃어버리는 일이 생기지 않기 위해서였다. 반면, 우주비행사 세 명은 모두 함께 이동했다. 최초로 달에 다녀온 우주비행사보다 월석을 더 중요하게 취급했던 셈이다.

처음에는 월석과 달의 흙에 무엇이 들어있을지 전혀 알 수 없었다. 달의 흙이 지구의 공기를 만나면 폭발할지도 모른다고 생각한 사람도 있었다. 달의 미생물이 묻어 있을 수도 있었다. NASA는 달에서 가져온 먼지를 여러 동물에게 먹인 뒤 이상이 생기는지 확인했다. 동물에게 아무 문제가 생기지 않는다는 것을 확인하고 나서야 우주비행사들은 격리에서 풀려났다.

아폴로 계획으로 얻은 증거를 토대로 달의 정체가 서서히 드러나기 시작했다. 결과는 세 가지 이론 모두에게 타격을 날렸다.

달은 휘발성 성분이 적었지만, 지구와 성분이 비슷했다. 밀도는 더 작았는데, 지구 전체의 밀도보다는 낮고 지구 맨틀 부분의 밀도와 비슷했다. 이것은 달에 철이 적기 때문이다. 달에도 철로 된 핵이

◀ 아폴로 16호가 가져온 월석. '빅 뮬리'라 불리며, 달에서 가져온 암석 중에서 가장 크다.

있지만, 지구에 비교해 작다. 또, 달의 나이는 약 45억 년이며, 초기에 달의 상당 부분이 마그마의 바다로 뒤덮였던 흔적이 있었다.

포획설은 달의 핵이 작고 철이 부족하다는 사실과 과거에 마그마에 뒤덮여 있었다는 사실을 설명하지 못했다. 지구와 달의 산소 동위원소 비율이 비슷하다는 점도 포획설에 큰 타격을 가했다. 동위원소 비율이 같으려면 같은 근원을 갖고 있어야 했다.

동시탄생설은 지구와 달의 성분이 비슷하다는 사실을 설명할 수 있었다. 그러나 달에 철과 휘발성 성분이 적다는 사실은 설명하지 못했다. 같은 물질로 만들어졌다면 유독 달에만 철이 적은 이유를 생각하기 힘들다.

분리설은 달의 철핵이 작다는 점을 설명할 수 있었다. 지구 가장자리에 있던 부분이 떨어져 나왔기 때문이다. 그러나 달이 떨어져나오려면 지구가 훨씬 빨리 회전해야 했다. 게다가 달은 나이가 45억 년으로 아주 오래됐지만, 지구의 해양 지각은 나이가 2억 년 정도에 불과했다. 태평양이 달이 떨어져 나간 흔적이라는 이론은 말이 되지 않았다.

## 대충돌로 생겼다

결국은 세 가설 모두 아폴로 계획으로 알아낸 달의 성질을 만족시키지 못했다. 그리고 마지막 유인 착륙이 이루어지고 난 뒤에 새로운 이론, 대충돌설이 등장했다. 대담한 이론이었지만 다른 세 가지 가설의 문제를 해결할 수 있었다.

원래는 1940년대에 캐나다의 지질학자 레지널드 데일리Reginald Aldworth Daly가 조심스럽게 제기한 가설이었다. 달의 크레이터를 연구하던 데일리는 크레이터가 충돌 때문에 생겼다는 결론을 내렸다. 문제는 무엇이 와서 충돌했느냐였다. 이때 데일리는 달에 충돌한 게 지구의 파편이 아닐까 생각했다. 지구에 소행성이 부딪쳐서 우주로 날아간 파편이 달에 떨어졌을 수 있다는 가설이었다.

여기서 나아가 데일리는 이렇게 떨어져 나간 물질이 달을 구성했을지도 모른다는 아이디어를 냈다. 그러나 데일리의 가설은 아무런 주목을 받지 못하고 묻혀 버리고 말았다.

시간이 흘러 1970년대 중반이 되었을 때 대충돌설은 다른 과학자에 의해 다시 등장했다. 미국의 행성과학자 윌리엄 하트만William Hartmann과 천문학자 도널드 데이비스Donald Davies는 행성 형성이 갓 끝났을 무렵에 지구에 거대한 천체가 충돌했고, 그때 튀어나온 파편이 뭉쳐 달이 되었다는 이론을 제기했다. 캐나다 천문학자 알라스테어 캐머런Alastair Cameron과 미국 천문학자 윌리엄 워드William Ward도 비슷한 아이디어를 떠올렸다.

대충돌설에 따르면 지구가 생긴 지 얼마 되지 않았을 무렵 지구

▲ 지구에 달이 생기게 한 대충돌의 상상도.

에 화성 크기의 행성이 충돌했다. 맨틀 부분이 우주로 날아가 지구 주위에 파편이 생긴다. 시간이 흐름에 따라 이 파편이 뭉쳐서 달이 된다. 맨틀 부분이 달이 되었기 때문에 철이 적고 밀도가 지구의 맨틀과 비슷하다는 사실은 설명이 된다. 지구와 달의 산소 동위원 소비가 같다는 점도 그렇다. 달이 생긴 지 얼마 되지 않았을 때 마 그마의 바다가 있었던 것도. 휘발성 성분은 열기에 모두 날아가 버 렸을 테니까 당연히 달에는 없을 것이다.

### 테이아

대충돌설은 현재 가장 유력한 가설로 인정받고 있다. 이때 지 구에 충돌한 가상의 행성을 우리는 테이아Theia라고 부른다. 그리스 신화에서 달의 여신인 셀레네Selene의 어머니 이름에서 따왔다. 1980년대 이후 여러 시뮬레이션을 통해 테이아가 어떤 식으로 지구와 부딪쳤는지, 달이 어떻게 생겨났는지 연구가 활발하게 이루어졌다.

대충돌설에 따르면 테이아는 지구의 라그랑주 지점에 있었다. 라그랑주 지점은 두 천체의 중력과 균형을 이뤄 안정적으로 있을 수 있는 위치를 말한다. 간단히 말하면, 테이아는 태양을 도는 지구와 같은 궤도에서 지구의 앞쪽이나 뒤쪽에 있었다는 뜻이다. 그곳에서는 다른 천체를 향해 끌려가지 않고 화성 크기로 자라날 수 있었다.

그러던 테이아는 목성 또는 금성의 중력에 영향을 받아 궤도를 이탈해 지구를 향했다. 테이아가 정확히 어떤 각도로 지구에 충돌했는지는 확실하지 않다. 최근까지만 해도 테이아가 지구를 비스듬히 때렸다는 게 주요 가설이었다. 그런데 2016년 지구와 테이아가 정면충돌했다는 연구 결과도 나왔다.

지구와 테이아가 충돌한 건 44~44억 5000만 년 전의 일이다. 충돌 결과 테이아가 지구에 융합하면서 엄청난 양의 물질이 떨어져 나왔다. 이 파편은 지구 주위에 원반을 만들었다. 시간이 지나면서 지구에 가까운 파편은 다시 떨어져 내렸다. 남은 파편은 지구 주위에 고리를 만들었다가, 뭉쳐서 달이 되었다. 달이 생기는 데 걸린 시간은 의외로 짧다. 시뮬레이션에 따르면, 파편이 뭉쳐서 달이 되는 데 빠르면 1개월밖에 걸리지 않는다. 남은 물질은 서서히 지구나 달에 충돌해 사라졌다.

천문학적으로 보면 찰나의 순간에 지구는 위성을 갖게 되었다. 지구의 밤하늘에는 전에 없던 둥근 천체가 밝게 빛나고 있었다. 이때는 지구와 달의 거리가 가까워 달이 지금보다 훨씬 크게 보였다. 갓 태어났을 무렵의 달은 지구에서 볼 때 무려 20배 가까이 컸다.

### 달에게 형제가 있었다?

만약 달이 처음 생긴 직후에 달을 관찰했다면 기묘한 현상을 볼 가능성이 있다. 달이 뜨고 몇 시간 뒤에 작은 달 하나가 다시 떠오르는 모습을.

지구에 라그랑주 지점이 있듯이, 달에도 라그랑주 지점이 있다. 그곳에 작은 천체를 놓으면 지구나 달로 끌려가지 않고 그 위치를 유지할 수 있다. 지구에서 보면 달과 라그랑주 지점 사이의 각도는 60도로, 달의 앞쪽과 뒤쪽에 각각 하나씩 있다. 만약 지금 이곳에 어떤 천체가 있다면, 그 천체는 달보다 4시간 먼저 혹은 나중에 하늘에 떠오를 것이다.

2011년 미국 UC 산타크루즈 연구진은 과거에 지구에 또 다른 달이 있었다는 가설을 발표했다. 대충돌로 달이 만들어졌을 때 라그랑주 지점에 작은 달이 하나 더 생겼다는 내용이다. 이 작은 달은 지름이 1000~1200킬로미터로, 지금 달의 3분의 1 수준이다. 두 번째 달은 수천만 년 동안 지구 주위를 돌다가 궤도가 불안정해져 달과 충돌해 하나가 되었다. 이 시기로 돌아갈 수 있다면 하늘에 달이 두 개나 떠 있는, SF영화에서나 볼 수 있는 모습을 볼 수 있을 것이다.

두 번째 달은 현재 달의 지형을 설명하는 데 도움이 된다. 달의 앞면과 뒷면의 차이다. 달의 앞면에는 바다라고 부르는 용암이 흘러서 생긴 저지대가 많은 반면, 뒷면은 높은 산지 위주다. 두 번째 달의 궤도가 불안정해져서 라그랑주 지점에서 이탈한 뒤에 달에 충돌했다고 생각해보자. 시뮬레이션에 따르면, 달과 두 번째 달이 느린 속도로 충돌한다면 달의 앞면과 뒷면의 차이를 설명할 수 있다.

두 번째 달은 달보다 작아서 더 빨리 식었을 것이다. 충돌 속도가 느리므로 두 번째 달은 충돌한 곳에 납작하게 달라붙는다. 그 충격으로 마그마는 달의 앞면으로 밀려난다. 따라서 지금처럼 앞면은 바다가 많은 지형이 되고, 두 번째 달이 달라붙은 뒷면은 산지가 되었다는 게 가설의 내용이다.

사실 지구에 또 다른 달이 있다는 주장은 19세기부터 있었다. 분리설 지지자였던 피커링Edward Charles Pickering도 지구를 돌고 있는 두 번째 달이 있을 가능성을 탐구하기도 했다. 그러나 명왕성을 발견한 미국 천문학자 클라이드 톰보Clyde Tombaugh는 1957년 몇 년간의 조사 결과 지구를 공전하는 소천체를 찾지 못했다고 발표했다.

그러나 2018년 헝가리 과학자들은 달의 라그랑주 지점에서 먼지 구름을 찾아냈다고 발표했다. 이곳에 더 많은 물질이 쌓여 위성이 만들어졌다면, 우리는 지금 달이 두 개 뜨는 행성에서 살고 있었을지도 모를 일이다.

## ☽
# 달이
# 없다면?

우리는 달이 없는 세상을 알지 못한다. 태양이나 달이 몇 개씩 뜨거나 사라지는 일은 신화나 영화 속에서나 일어나는 일일 뿐 실제로 인간은 그런 광경을 본 적이 없다. 따라서 달이 지구와 우리에게 어떤 영향을 끼치는지를 직접 체감하지는 못한다. 무엇이든지 없어져 봐야 아쉬움을 느끼는 법. 과연 달이 없어진다면 어떻게 될까? 혹은 처음부터 달이 없었다면 지구는 지금 어떤 모습일까? 가능한 논리적으로 결과를 예측해 보자.

### 시나리오1 달이 파괴되었다!

서기 21XX년. 달 공화국이 독립을 선포했다. 태양계를 지배하는 지구 제국의 압제를 참다못해 저항의 기치를 올린 것이다. 지구 제국은 즉시 달을 비난하고 나서며, 태양계 각지에 나가 있는 전함을 달 근처로 소환해 무력으로 압박하기 시작한다. 화성과 유로파, 타이탄과 같은 개척지에도 강력한 경고를 보낼 생각이었다. 지구 제국의 협박이 먹혀들어 갔는지, 아무도 달과 연합해 저항할 생각을 하지 못한다.

이렇게 일어난 전쟁의 결말은 예상대로였다. 조그만 위성에 불과한 달이 지구 제국을 이길 수는 없었던 것이다. 경제력이나 군사력이나 어떤 면에서도 달이 열세였다.

그래도 달은 포기하지 않았다. 목숨을 걸고 싸웠고, 하나둘씩 모두 쓰러졌다. 이대로라면 달에 있는 도시가 모두 폐허가 될 판이었다.

그러나 달에게는 비장의 무기가 있었다. 바로 말도 안 되는 연구에 매진하다가 지구에서 추방당해 달로 온 미치광이 과학자가 만든 행성파괴탄! 최후의 수단으로 달은 지구를 폭파해 함께 동귀어진할 계획을 세운다.

"저렇게 사악한 지구 제국은 차라리 없어지는 게 낫습니다. 우리는 비록 멸망하더라도 화성과 외행성의 개척지를 위해 지구를 없애버립시다!"

하지만 지구가 그렇게 만만한 존재가 아니다. 첩자를 통해 행성파괴탄의 존재를 파악한 지구는 온갖 수단을 동원해 발사를 막는다. 행성파괴탄을 빼앗기지는 않았지만, 최후의 계획은 실패하고 말았다.

달 군대의 사령관이 대통령에게 보고한다.

"적의 포위망 때문에 도저히 행성파괴탄으로 지구에 명중시킬 수 없습니다."

"그렇다면 항복해야 한다는 소리요? 이미 달에는 살아남은 사람이 별로 없소. 남은 사람도 지구가 가만히 두지 않을 게 분명하오. 게다가 앞으로 지구 제국의 압제는 계속될 것이오. 아아."

사령관은 이를 악물고 한 가지 의견을 제시한다.

"한 가지 방법이 있습니다. 여기서 행성파괴탄을 터뜨리는 겁니다."

"그건 무슨 소리지? 달을 파괴하자는 것이오? 그건⋯⋯."

대통령은 문득 어떤 사실을 깨달은 듯 말을 멈춘다. 한참을 고민하던 대통령은 무겁게 입을 연다.

"자폭이라도 해서 피해를 줄 수 있다면⋯⋯. 태양계에서 지구의 압제를 없애는 데 도움이 되겠지⋯⋯."

달 거주민 중 죽기를 원하지 않는 사람은 모두 우주선을 타고 화성으로 탈출한다. 그리고 대통령은 엄숙한 목소리로 "사악한 지구에 저주를!"이라고 외치며 폭파 스위치를 누른다. 그와 함께 달은 산산조각이 나고 만다.

지구인은 밤하늘에서 엄청난 빛을 발하며 폭발하는 달을 목격한다. 그 순간 '우리가 너무 했구나' 하고 일말의 후회를 한다. 그러나 여유 있는 생각을 하고 있을 시간이 없다. 곧 하늘에서 암석의 비가 내리기 시작한다. 도시는 파괴되고 지구 문명은 종말을 맞는다. 간신히 살아남은 사람들은 하늘에서 진귀한 광경을 목격한다.

행성을 파괴할 만큼 강력한 폭탄이 있을 수 있는지는 논외로 하자. 자폭까지 한 달은 원하는 대로 지구에 피해를 줄 수 있을까? 그렇다. 달이 완전히 산산조각난다고 하면 파편은 사방으로 흩어진다. 그리고 상당수는 중력에 이끌려 지구로 떨어질 것이다. 작은 파편은 대기 중에서 마찰열에 증발해 버리겠지만, 커다란 파편은 운석처럼 지구를 강타한다. 커다란 파편이 떨어진다면 도시 하나를 순식간에 날려버릴 수도 있다.

모든 파편이 지구로 떨어지지는 않는다. 일부는 반대쪽으로 날아가고, 남은 파편은 지구 주위를 돌며 토성처럼 고리를 이룬다. 지상에 살아남은 사람이 있다면 하늘을 가로지르는 장대한 고리를 볼 수 있을 것이다. 물론 그 고리가 아름답게만 보이지는 않을 것이다. 고리에서 떨어져나온 파편이 수시로 지구를 강타할 테니 생존자는 언제나 불안하게 살 수밖에 없다. 달이 파괴되면 지구는 지옥이 될 것이다.

## 하늘에서 비 대신 돌이 내리면

1998년 방영한 일본 애니메이션 〈카우보이 비밥〉은 21세기 후반 인류가 태양계의 여러 행성과 위성에 퍼져 사는 시절의 이야기다. 현상금 사냥꾼 스파이크 스피겔 일행은 화성과 금성, 가니메데 등을 돌아다니며 온갖 일에 휘말린다. 먼 거리를 여행할 때는 위상차 게이트라는 가상의 기술을 이용하는데, 설정에 따르면 위상차 게이트 폭발 사고로 달은 반쯤 부서져 버린 상태다. 달의 파편은 지구 주위를 떠돌다가 수시로 지상에 떨어지기 때문에 지구는 사실상 폐허가 되었다. 지구에 사는 사람들은 암석 낙하 예보에 귀를 기울이며, 언제 닥칠지 모르는 위기에 떨며 살아야 한다.

2015년 출간된 SF작가 닐 스티븐슨Neal Stephenson의 소설 《세븐이브스Seveneves》도 달이 알 수 없는 이유로 7조각으로 쪼개진 미래를 배경으로 한다. 달이 쪼개지고 생긴 7개의 조각은 서로 충돌해 점점 더 잘게 쪼개진다. 그렇게 생긴 무수한 파편은 곧 비오듯 지구에 떨어져 인류를 멸망시킬 예정이다. 남은 시간은 2년. 인류는 생존을 위해 소수의 인원을 선별해 우주로 내보낸다. 과연 이들은 인류 문명을 재건할 수 있을 것인지…….

**시나리오2** 달이 마법처럼 사라졌다!

마침내 인류가 달에 진출해 도시를 건설하는 데 성공했다. 이를 발판 삼아 화성까지도 탐사대를 보내보지만, 인류의 우주선으로 갈 수 있는 곳이라고는 근처 행성뿐이었다. 작용-반작용의 법칙을 이용하는 우주선의 어쩔 수 없는 한계였다.

결국 전 세계가 힘을 합쳐 달 뒷면에 거대한 연구 단지를 만들었다. 이 곳에서는 태양계를 벗어나 외계 행성으로 진출하기 위한 도약 추진 엔진을 개발한다. 수십 년의 세월 동안 세계 최고의 물리학자와 공학자가 이 연구에 투입되었고 조금씩 성과를 이루고 있었다. 그동안 우주망원경을 통한 관측 결과 인간이 거주 가능한 외계 행성이 여럿 발견된다. 연구소는 지금까지 이룬 성과를 테스트해보기로 결심했다.

"인간이 이주할 수 있을지도 모르는 외계 행성이 발견됐습니다. 우리는 그곳으로 탐사선을 보내 자세히 조사해볼 계획입니다."

먼저 무인탐사선이 날아갔다. 엄밀히 말하면, 날아갔다는 표현은 옳지 않다. 우주선은 초공간을 통해 달 궤도에서 외계 행성의 궤도로 순식간에 이동했다. 외계 행성 5개를 조사한 결과 그중 1곳이 마침 사람이 살기에 아주 좋은 환경이라는 사실이 드러났다. 인구가 많고 환경이 오염된 지구에서 답답하게 살던 인류는 새로운 행성에서 살 기대에 부풀었다.

"제2의 지구를 향해!"

수만 명이 동시에 탈 수 있는 거대한 이민선과 이 이민선을 움직일 수 있는 도약 엔진이 동시에 개발에 들어갔다. 모든 인류가 손꼽아 기다리기를 십수 년. 마침내 최초로 완성된 엔진을 테스트하는 날이 다가왔다.

연구소 지하에 만든 거대한 공간에 고층건물만 한 도약 엔진이 놓여 있었다. 수많은 연구원이 그 주위를 바쁘게 오가며 일하고 있었고, 역사적인 순간을 생중계하기 위해 기자들이 바글거렸다. 지구에서는 150억 명이 이 광경을 지켜보고 있었다. 연구소장이 TV 화면에 나와 실험 과정을 설명했다.

"테스트 시간이 되면 저 엔진은 자동으로 화성과 목성 사이의 소행성대로 도약할 겁니다. 주변에는 전혀 영향을 끼치지 않습니다. 아, 엔진의 부피만큼 진공이 될 테니 내부에 강한 바람이 불긴 할 겁니다. 하지만 미리 대비해 두었으니 걱정하지 않아도 됩니다. 성공하면 우주선에 장착해 계속 테스트를 이어갈 계획입니다."

화면에 숫자가 나타나더니 하나씩 줄어들었다. 마침내 0이 되는 순간 150억 명이 꿀꺽 침을 삼켰다. 거대한 엔진이 마법처럼 뿅 하고 사라지는 모습을 기대하고 있었다.

그런데 이어진 장면은 당황스러웠다. TV 화면이 갑자기 먹통이 되어 버린 것이다. TV가 고장 났나 싶었지만, 곧 모든 TV가 똑같다는 사실을 알게 된다. 밤인 지역에 사는 사람들은 무심코 밤하늘을 올려보았다가 깜짝 놀라고 만다. 조금 전까지 빛나던 달이 없었다. 테스트 오류로 달이 통째로 소행성대까지 날아가 버렸던 것이다.

달에 있던 사람들은 무사했다. 당분간은 달에서 자급자족하며 버틸 수 있었다.

문제는 지구였다. 달이 사라진 뒤로 지구에 온갖 이상 현상이 나타나고 있었다. 먼저 밤하늘을 비춰주고 있던 달빛이 사라지면서 밤에 활동하기가 더욱 불편해졌다. 부랴부랴 야간 조명을 더 설치해야 했다.

사람은 그렇게 해결이 된다지만, 달빛에 의지하는 야생동물은 고스란히 피해를 보고 있었다. 바다에 살던 생물이 받는 피해는 더 컸다. 바닷가 생태계가 무너지기 시작했다. 사람의 힘으로 이 혼란을 바로잡기는 거의 불가능해 보였다.

소행성대로 날아간 연구소에서는 달을 다시 지구로 돌려보내기 위한 연구에 착수했지만, 언제 다시 돌아올지는 몰랐다.

"지구 바로 옆에 도착하면 어떡하지? 충돌해버릴 게 아닌가!"

그랬다. 까딱 잘못하면 지구에 충돌할 수도 있었고, 엉뚱한 곳으로 날아가 태양으로 돌진해버릴 수도 있었다. 정말 신중을 기해야 하는 일이었다.

그동안 지구에는 더 큰 문제가 생기고 있었다. 좀 더 오랜 시간에 걸쳐 등장한 문제는 기후였다. 웬일인지 자꾸 기상이변이 일어나고 있었다. 지구는 이전보다도 더 빠르게 살 수 없는 곳으로 변하고 있었다. 지구에서는 하루라도 빨리 달이 돌아오기만을 기다리고 있었지만, 한쪽에서는 이대로 달을 포기하고 적응해야 한다는 의견도 나왔다.

멀쩡히 있던 달이 갑자기 사라진다면 지구의 밤은 언제나 달이 뜨지 않을 때처럼 어두울 것이다. 밤에 달빛을 이용해 활동하는 사람들은 어쩔 수 없이 인공조명을 더 많이 사용해야 한다. 야행성 동물은 대책이 없다. 더 어두워진 밤에 적응하지 못한다면 야행성 동물은 큰 피해를 볼 수 있다. 달빛에 의존해 활동하는 일부 생물도 마찬가지다. 예를 들어, 산호는 보름달에 맞춰서 일제히 알을 낳곤 한다.

또, 달이 없어지면 조수간만의 차가 작아진다. 지구의 밀물과 썰물을 일으키는 힘은 달의 조석력이다. 태양의 조석력도 영향을 끼치지만, 훨씬 가까운 달의 영향이 크다. 달에 가까운 쪽과 먼 쪽이 받는 중력은 다르므로 지구는 달을 향한 쪽과 그 반대면이 부풀어 오른다.

바다는 암석보다 움직이기 쉬우므로 바닷물이 부풀어 오르는 게 밀물이다. 물이 그쪽으로 밀려가므로 지구와 달을 잇는 선에 수직인 부분의 바다는 얕아진다. 이것이 썰물이다. 달이 사라진다면 태양의 조석력만 작용할 테니 밀물과 썰물의 차이가 줄어든다.

이에 따라 바다를 터전으로 삼은 동물은 큰 피해를 본다. 바닷물과 영양분의 순환이 잘 이루어지지 않고, 갯벌도 상당 부분 없어진다. 바다 생태계는 심각한 타격을 입고, 수많은 동식물이 멸종할 것이다.

더 큰 문제는 지구의 자전축이다. 지구의 자전축은 궤도평면에 23.5도 기울어져 있다. 그래서 계절이 생긴다. 이 기울기는 시간이 흐르면서 조금씩 변하는데, 급격하게 변하지 않는 건 달 덕분이다. 만약 달이 없어진다면 자전축이 훨씬 더 많이 요동치게 된다. 위 시나리오처럼 곧바로 효과가 나타나지는 않겠지만, 시간이 흐르면 지구 자전축의 기울기가 달라지면서 극지의 얼음이 모두 녹아 물에 잠기거나 엄청난 빙하기가 오는 등 사람이 살기 어렵게 변한다.

# 조석력 모르면 달도 모른다?

〈링월드 시리즈〉로 유명한 미국의 SF작가 래리 니븐Larry Niven의 단편소설 《중성자성》은 조석력에 얽힌 이야기를 담고 있다. 여기에는 링월드에도 등장하는 퍼페티어라는 외계 종족이 나온다. 퍼페티어는 초식동물이 진화한 외계인으로 극도로 조심스러운 성격을 갖고 있다. 위험을 피하려는 경향이 매우 강해 다른 종족에게 고향 행성에 관한 정보를 절대 공개하지 않는다.

주인공 셰퍼는 한 가지 의뢰를 받는다. 퍼페티어가 생산한 우주선을 타고 중성자성에 가까이 접근했다가 승무원이 사망한 사고의 원인을 밝혀달라는 것이다. 승무원의 시체는 마치 알 수 없는 힘이 갈가리 찢어놓은 것처럼 참혹한 모습이었다. 퍼페티어로서는 무엇이 우주선을 뚫고 들어가 이런 짓을 할 수 있었는지 알아내야 했다.

험난한 고생 끝에 셰퍼는 원인을 밝혀냈다. 바로 중성자성의 강력한 조석력이었다. 중력은 어떤 물질에도 막히지 않고 힘을 발휘한다. 중성자성에 너무 가까이 다가가면 조석력이 매우 강해 사람도 머리와 다리가 서로 다른 중력을 받아 찢어질 수 있다.

간신히 살아남은 셰퍼는 퍼페티어에 관해 중요한 사실을 알아낸다. 퍼페티어가 조석력을 모른다는 것. 위성이 있는 행성에 산다면 조석력 같은 기초 지식을 모를 리 없다. 따라서 셰퍼는 퍼페티어의 행성에는 위성이 없다는 정보를 알아낸 것이다.

## 시나리오3 처음부터 달이 없었다면!

야리타 인의 심우주탐사선 에피로 호가 갓 태어나기 시작한 항성계에 진입했다. 별과 행성의 탄생 과정을 조사하기 위해서였다. 중심의 항성계는 핵융합 반응을 시작해 빛나고 있었고, 그 주변에서는 먼지와 암석, 가스가 뭉쳐 행성으로 변하고 있었다. 에피로 호에 탄 야리타 인 과학자들은 행성의 형성 과정을 눈여겨 지켜보았다.

"하나, 둘, 셋, 넷. 별에 가까운 쪽에는 암석형 행성이 생기고 있군."

"바깥쪽에는 커다란 가스형 행성이 네 개 생길 거야."

이들은 형광색이 나는 음료를 마시며 연구하고 있는 항성계에 관한 이야기를 나눴다.

"아주 흥미로운 표본이 되겠어."

"그래. 나중에는 이곳에서도 우리 같은 지적 생명체가 태어날 수 있겠지?"

"흠, 글쎄. 생명체가 태어나려면 어디가 적당할까나⋯⋯."

과학자들이 갓 태어난 행성을 쭉 훑어보았다. 모두가 한 곳을 가리켰다.

"별의 크기로 봐서는 이 세 번째 행성이 나중에 적당한 온도가 되겠어. 너무 뜨겁거나 추우면 생명이 못 자랄 확률이 크니까 말이야."

"크기로 봐서 중력도 괜찮겠군. 중력이 너무 약하면 대기가 날아가기 쉽지."

"그래도 모를 일이야. 식은 다음에 행성의 환경이 어떻게 될지는 지금 알기 어려우니까."

그때 조그맣게 경보가 울렸다. 컴퓨터가 새로운 사실을 알려온 것이다.

지금까지 눈여겨보고 있던 세 번째 행성을 향해 또 다른 행성이 다가가고 있었다. 계산에 따르면 얼마 뒤 두 행성이 충돌할 예정이었다. 다가가는 행성의 크기는 작았지만, 까딱하면 둘 다 산산조각날 수도 있었다.

"이런! 저 행성에 생명체가 태어날 기회가 사라질 수도 있겠는걸."

과학자들은 먼 미래에 생길지 안 생길지 모를 생명체에게 호의를 베풀기로 했다. 야리타 인이 보유한 고도의 기술로 다가가는 작은 행성의 궤도를 바꾸어 버린 것이다. 세 번째 행성에 충돌 예정이던 작은 행성은 방향을 바꿔 태양으로 돌진했다.

"좋아. 성공이다."

"우리가 이렇게까지 해줬는데 괜찮은 지적생명체가 태어나면 좋겠군. 먼 훗날에 우주여행 기술을 개발한다면 은하연방에 가입해 우리와 함께할 수도 있겠지."

"그렇게 되기를……. 잘 있거라, 이름 없는 항성계여."

연구를 마친 에피로 호는 항성계를 떠났다.

45억 년 뒤……. 그동안 많은 일이 있었다. 은하연방은 해체되었고, 많은 종족이 더 이상 진보하지 못하고 멸종했다. 다행히 야리타 인은 육체의 한계를 벗어난 불멸의 존재가 되어 의식을 초공간에 업로드한 채 우주 이곳저곳을 돌아다니고 있었다. 그러던 어느 날, 문득 오래전에 호의를 베풀어주었던 항성계가 떠올랐다.

혹시 생명체가 살고 있을까 싶어서 다시 찾아갔지만, 그만 실망하고 말았다. 기대했던 세 번째 행성에서 생명체의 흔적을 전혀 찾아볼 수 없었다. 행성 표면의 가혹한 환경을 보니 앞으로도 생명체가 태어나 진화할 가능성은 없어 보였다. 야리타 인은 왜 이렇게 되었는지 잠시 생각하다가 이내 흥미를 잃고 다른 곳으로 떠났다. 우주는 넓고 흥미로운 장소는 더욱 많았던 것이다.

만약 처음부터 지구에 달이 없었다면, 지구는 어떻게 되었을까? 일단 지구는 처음 생겨났을 때 지금보다 자전 속도가 빨랐다. 초기의 지구는 4~5시간에 한 번 자전했다. 1년은 365일이 아니라 2,000일이 넘었을 것이다. 자전을 지금처럼 늦춰 준 것은 달이다. 달의 조석력은 지구의 자전에 제동을 걸어 천천히 늦어지게 만든다. 지금 이 순간에도 지구의 자전 속도는 조금씩 느려지고 있다. 먼 미래까지 인간이 살 수 있다면 지금보다 더 긴 하루를 살게 된다.

따라서 처음부터 달이 없었다면, 태양의 조석력만 지구의 자전을 늦출 수 있다. 하지만 태양의 조석력은 달의 조석력보다 약해 지구는 여전히 빠른 속도로 돌고 있을 것이다. 빠른 자전 속도는 강한 바람과 폭풍을 불러일으킨다. 코리올리 효과Coriolis effect가 극심하게 나타나기 때문이다.

코리올리 효과는 관성에 의해 생기는데, 쉽게 설명하면 이렇다. 지구는 하루에 한 바퀴 회전한다. 그런데 적도의 둘레는 크고, 고위도 지방의 둘레는 작다. 같은 시간 동안 움직이는 거리가 다르므로 적도에 서 있는 사람은 고위도에 서 있는 사람보다 더 빠른 속도로 움직인다. 이제 적도에 서서 북쪽을 향해 물건을 던진다고 생각해보자. 고위도로 갈수록 땅이 움직이는 속도는 줄어들지만 날아가는 물건은 관성 때문에 원래 속도를 유지하려고 한다. 그 결과 지구의 자전 방향으로 휘어져 날아간다. 적도에서 북반구로 대포를 쏘면 오른쪽으로 휘어지는 이유다.

지구의 자전 속도가 빠르면 코리올리 효과가 훨씬 더 크기 때문에 훨씬 더 강한 바람이 몰아치게 된다. 실제로 지구보다 훨씬 크면서도 10시간에 한 번 자전하는 목성에는 엄청난 폭풍이 끊이지 않는다.

또, 원심력 때문에 적도가 더 불룩한 모양이 되고, 바닷물은 적도 쪽으로 쏠리고 고위도 지역의 바다는 얕아진다. 조수간만의 차가 작아서 육지에 있는 화학물질이 바다에 잘 공급되지 않는다. 바다에서 생명이 시작되기 어려운 환경이 된 것이다. 광합성을 하는 초기의 생명체가 태어나지 못했으므로 지구에는 산소도 없을 것이다.

만에 하나 생명체가 태어나 진화했다면 어떤 모습이 되었을까? 낮은 조수간만의 차, 강한 바람은 생명체가 지금과 다른 모습으로 진화하게 했을 것이다. 강한 바람 때문에 높은 나무가 없어서 나무 위에서 사는 동물은 없을 수도 있다. 달빛에 의존해 번식이나 사냥을 하는 동물도 없을 것이다. 이런 지구에서 문명이 발달했다면, 달과 관련된 신화와 전설, 문화는 전혀 없을 것이다.

)

# 달력의
# 달은 달

달이 없었다면, 우리는 문명이 발달하는 데 아주 중요한 역할을
한 존재를 잃었을 것이다. 바로 달력이다. 하루의 길이도 다르고
달도 없으므로 지금과는 전혀 다른 달력을 쓰고 있을 것이다. 아
니, 애초에 역법을 발전시키기 매우 어려웠을 가능성이 크다.

요즘도 마찬가지지만, 옛날에는 자연 현상을 관찰하는 일이 특
히 더 중요했다. 언제 계절이 바뀌어 추워지는지, 언제 비가 많이
오는지, 언제 밀물이 들어오는지, 언제 어떤 열매가 맺히는지, 언
제 어떤 동물이 나타나는지를 제대로 알지 못하면 생활이 아주 불
편해질 뿐만 아니라 목숨을 유지하지 못할 수도 있다. 이런 자연
현상이 하늘에서 움직이는 천체와 밀접한 관련이 있다는 점은 고
대인도 어렵지 않게 알 수 있었다.

가장 간단하게 알 수 있었던 건 아마 낮과 밤의 변화였을 것이
다. 해가 뜨면 밝아지고, 해가 지면 어두워진다. 해는 동쪽 지평선

아래에서 올라와 서쪽 지평선 아래로 일정하게 움직이므로 해의 위치를 보면 하루 중 언제인지도 대강 짐작할 수 있다. 동쪽 지평선에 가까우면 아침, 꼭대기에 있으면 정오다. 서쪽 지평선에 점점 가까워지고 있다면 얼른 집으로 돌아가야겠다고 생각할 수 있다.

이 현상은 매일 똑같이 일어난다. 아니, 정확히 말하면 똑같이는 아니다. 여름에는 해가 일찍 뜨고 늦게 지며, 겨울에는 반대로 늦게 떠서 일찍 진다. 뜨고 지는 방위도 달라진다. 정확히 동쪽에서 뜨는 게 아니라 북쪽과 남쪽을 향해 조금씩 왔다 갔다 한다. 온기를 받는 시간이 다르니 여름은 덥고 겨울은 춥다.

겨울에는 농작물도 기를 수 없고 동물을 사냥하기도 어렵다. 낮이 점점 짧아지고 있을 때는 겨울에 대비해 식량을 비축해 놓아야 한다. 적도 지방에 살던 사람이나 초원의 유목민도 각자 그 지역의 계절 변화에 맞춰 생활 방식을 만들었다.

어쨌든 태양이 하루에 한 번 뜨는 건 맞으니 태양의 움직임을 기준으로 삼으면 하루를 정할 수 있다. 옛날에는 해가 뜰 때, 해가 가장 높이 떴을 때, 해가 질 때와 같은 서로 다른 기준으로 하루의 길이를 정했다. 이 중에서 가장 정확한 기준은 해가 가장 높이 뜨는 순간이다. 해가 뜨는 순간과 지는 순간은 지평선의 모습에 따라 달라지기도 하고 계절에 따라서도 변한다. 하지만 해가 정남쪽에 올 때, 그리고 다음 날 해가 정남쪽에 올 때까지의 시간을 재면 하루의 길이를 알 수 있다.

그렇게 하루하루를 보내다 보면 여름과 겨울, 그리고 그사이의 봄과 가을이 일정한 간격으로 다시 돌아온다. 이렇게 계절이 반복되는 1년의 길이는 어떻게 잴까? 한 가지 방법은 태양의 고도를 재는 것이다. 여름에는 태양의 고도가 높고, 겨울에는 낮다. 봄과 가을은 그 중간이다. 막대기를 수직으로 세워 놓고 그림자가 가장 길었던 순간부터 다음에 그림자가 다시 가장 길어지는 순간까지의 날수를 세면 한 주기가 나온다. 이 한 주기가 1년이 된다. 지구가 태양을 중심으로 한 바퀴 도는 데 걸리는 시간이다.

따라서 낮 동안 태양의 높이를 자세히 관찰하면 1년 중 어느 시기인지를 알 수 있다. 입춘, 경칩, 춘분, 하지, 대서, 입추, 동지 같은 24절기는 바로 태양의 위치를 기준으로 계절을 구분해 놓은 것이다. 의외로 24절기를 음력으로 정한다고 잘못 알고 있는 경우가 많은데, 태양의 위치로 계절을 나타냈다는 사실을 기억하자.

이렇게 하면 하루하루가 가는 것과 1년이 지나가는 것을 파악할 수 있다. 그런데 이대로는 어딘가 부족하다. 예를 들어 오늘이 1년 중 어느 시기인지 궁금하다면 어떻게 해야 할까? 태양을 보면 하루하루가 지나가는 것을 알 수 있으니 새해 첫날부터 하루씩 세어 나갈 수는 있겠다. 하지만 하루하루 지나가는 날짜를 세기란 불편하기 짝이 없는 일이다. 무엇보다 잊지 않고 매일 같이 날을 헤아릴 수 있을까?

"자기야, 내 생일 언제인지 잊지 않았지?"

"그럼, 당연히 알지! 해가 낮아져서 점점 시원해지는 계절이잖아."

"정확히 알고 있는 거 맞아? 잊지 않을 수 있어?"

"그러니까 그게……, 올해 278일이잖아."

이런 식으로 날짜를 센다면 편리할 리가 없다! 하루하루의 흐름을 좀 더 편리하게 나타낼 수 있는 방법, 1년보다 더 짧은 주기가 필요했다. 태양의 고도를 정밀하게 측정하면 날짜를 알 수 있겠지만, 평범한 사람이 맨눈으로 할 수 있는 일은 아니다. 달은 그 방법을 제공했다. 두 사람이 다음번에 만날 약속을 잡는다고 해보자.

"이보게, 우리 언제 만날까?"

"37일 뒤에 만나세."

이러면 약속을 지키기 위해서 37일을 꼬박꼬박 세고 있어야 한다. 이보다는 다음처럼 이야기하는 게 더 확실하다.

"다다음 번 보름달이 뜨는 날에 만나세."

달은 일정한 주기에 따라 매일매일 모양이 변하며 뜨고 진다. 눈에 잘 띄면서도 모양을 보고 하루하루의 흐름을 알 수 있어 사람들에게 달력이 되어 주었다. 이렇게 달을 이용해 날짜를 계산하는 방법이 태음력이다. 초승달이 뜨고 보름달과 그믐달을 거쳐 다시 초승달이 뜨는 데 걸리는 시간은 약 29.5일이다. 이를 달의 삭망월이라고 한다. 이 주기를 1달로 정하면 몇 번째 달의 몇 번째 날과 같은 식으로 날짜를 좀 더 편리하게 나타낼 수 있다. 물론 0.5일은 없으므로 29일 또는 30일을 1달로 정했다.

## ☾ 항성월과 삭망월

달의 자전 주기는 약 27.3일이다. 달이 지구를 한 바퀴 도는 데 27.3일이 걸린다는 뜻이다. 이를 항성월이라고 한다. 그런데 삭망월이 29.53일로 달의 자전 주기와 다른 건 달이 지구를 도는 동안 지구도 태양을 돌기 때문이다. 따라서 보름달이 뜨고 27.3일이 지나면 달은 지구를 한 바퀴 돌았지만, 지구에서는 보름달이 보이지 않는다. 태양-지구-달이 일직선이 되려면 달이 조금 더 돌아야 하기 때문이다. 즉 삭망월은 태양-지구-달이 일직선이었다가 다시 일직선이 되는 시간이기 때문에 달이 지구를 한 바퀴 도는 데 걸리는 시간보다 길다.

이런 식으로 해와 달을 이용하면 하루, 1달, 1년의 흐름을 파악할 수 있다. 문제는 해와 달의 움직임이 서로 일치하지 않는다는 점이다. 해를 기준으로 잰 1년의 길이는 365일, 좀 더 정확히는 365.2422일이다. 태음력으로 29.53일인 1달이 12번 모이면 1년 365.2422일에서 약 11일이 모자란다. 3년이 지나면 이 차이는 33일로 벌어진다. 만약 태음력만 쓴다면 계절을 정확히 나타낼 수 없다. 어느 해에는 7월이 여름이었다가, 어느 해에는 3월이 여름인 달력을 가지고 농사를 짓다가는 굶어 죽기 십상이다.

그래서 태음력을 태양력에 맞추기 위해 약 3년에 한 번꼴로 1달을 더 넣어주는데, 이렇게 추가로 넣어주는 달을 윤달이라고 한다. 하지만 3년 동안 모자라는 날짜가 33일이므로 3년에 윤달을 한 번

▲ 달의 모양을 보면 한 달의 언제쯤인지 쉽게 알 수 있다.

만 넣어서는 아직 계산이 맞지 않는다. 이 오차를 줄이기 위해 나온 것이 19년마다 윤달을 7번 넣는 방법이다.

365.2422일×19년(228달)=6,939.6018일

29.53일×228달(19년)+29.53일×7달=6,939.55일

그러면 두 달력의 날짜가 거의 일치하므로 태양력과 태음력이 비슷하게 만들 수 있다. 태양의 움직임으로 계절 변화를 파악하고, 날짜는 달의 모양을 보고 계산하는 방법이다. 기원전 5세기의 그리스 천문학자 메톤Meton이 발견해서 메톤 주기Metonic cycle라고 부르지만, 이미 바빌로니아와 중국에서도 같은 주기를 쓰고 있었다. 현재 우리나라가 쓰고 있는 음력이 바로 이런 태음태양력이므로,

▲ 터키의 국기. 초승달은 이슬람을 상징한다. 여러 이슬람 국가가 국기에는 초승달이 들어있다.

설이나 추석 같은 날짜가 매년 조금씩 바뀌기는 해도 아예 엉뚱한 계절에 오는 일은 없다.

　문화권에 따라서는 태양력에 맞추지 않은 순수한 태음력을 쓰기도 한다. 이슬람력이 바로 순태음력으로 1년이 354일로 되어 있다. 따라서 1년에 11일씩 빨라지며, 이슬람력으로 생일을 쉰다면 태양력으로 따졌을 때 생일이 매년 11일씩 빨라진다. 이슬람력의 9번째 달인 라마단도 태양력 날짜로는 매년 앞당겨진다. 라마단 기간에 무슬림은 해가 떠 있는 동안 금식해야 한다.

　태양력과 태음력의 차이 때문에 곤란한 상황이 벌어지기도 한다. 예를 들어, 어떤 해의 라마단이 태양력으로 6~7월에 있다고 하자. 그리고 북반구의 고위도 지역에 사는 무슬림이 라마단 기간을 엄수한다고 하자. 안타깝게도, 6~7월의 북반구 고위도 지역은 해가 굉장히 일찍 뜨고 늦게 진다. 해가 져 있는 시간이 대여섯 시간밖에 안 된다면 이 지역의 무슬림은 무려 하루에 20시간 가까이 금식을 해야 한다. 여름에 해가 지지 않는 북극에 간 무슬림이 라마단 기간을 맞이한다면 하염없이 굶어야 하는 상황이 생긴다. 이렇게 피치 못할 경우에는 융통성 있게 음식을 먹거나 메카의 시간에 따라 금식하는 식으로 해결하곤 한다. 물론 이슬람 국가에서도 종교적인 목적이 아닌 일상생활 용도로는 세계 다른 나라와 같이 태양력을 사용한다.

## 주기적으로 사라지는 해와 달

날짜와 계절의 변화를 알아내기 위해 태양과 달을 관찰하다 보면 — 사실 굳이 유심히 바라보지 않아도 — 기묘한 현상을 맞닥뜨리게 된다. 바로 일식과 월식이다. 종이에 태양을 그리고 그 주위를 도는 지구의 궤도를 그려보자. 지구 주위를 도는 달 궤도까지 그려보면 태양과 지구, 달이 일직선상에 올 때가 많다는 사실을 알 수 있다. 한 달에 한 번은 태양-달-지구 순서로 직선을 그린다.

그렇다면 한 달에 한 번씩 달이 태양을 가리는 일식이 일어나야 하지 않을까? 실제로는 태양과 지구, 달이 같은 평면 위에 있지 않기 때문에 일식이 그렇게 자주 일어나지는 않는다. 위에서 보면 일직선이지만, 옆에서 보면 조금씩 어긋나 있는 셈이다. 달이 태양을 완전히 가리는 개기일식은 일어날 때마다 뉴스에서 크게 다룰 정도로 드물게 볼 수 있는 현상이다.

지구 입장에서 보면 개기일식은 평균 18개월에 한 번 일어난다. 그런데 지구의 3분의 2는 바다이고, 육지의 대부분도 사람이 살지 않는 곳이 많다. 살면서 개기일식을 보기가 쉽지 않은 이유다. 게다가 개기일식이 한 번 일어난 지역에서 다시 일어나려면 수백 년을 기다려야 한다. 평생 고향 근처에서만 살았을 대다수의 옛날 사람에게 개기일식은 그야말로 충격적인 사건이었다.

자연 현상에 대한 지식이 없는 사람이 언제나 하늘에서 밝게 빛나던 태양이 갑자기 뭔가에 가려 보이지 않는 현상을 긍정적으로 받아들이기는 어려웠을 것이다. 이상한 자연 현상을 신의 분노나 징벌, 불길한 징조로 받아들이는 경향은 동서양 모두 마찬가지였다. 특히 달이 태양을 가리기 때문이라는 사실을 몰랐던 사람들은 온갖 기묘한 설명을 만들어냈다.

우리나라 민담에는 해와 달을 먹는 불개 이야기가 있다. 빛이 없는 까막나라의 임금이 빛을 얻기 위해 불개를 보내 해와 달을 훔쳐오게 한다. 해를 찾아서 덥석 물었는데, 너무 뜨거워서 도로 뱉어내고 만다. 임금에게 혼이 난 불개는 다시 달을 찾아가 물었는데, 이번에는 너무 차가워서 뱉어낸다. 하지만 까막나라 임금은 포기하지 않고 계속 불개를 보내 해와 달을 훔치려 한다. 불개가 해와 달을 물 때마다 일식과 월식이 일어난다는 것이다.

고대 중국에서는 용이 태양을 물어서 일식이 생긴다고 생각해서 일식이 일어나는 동안 북을 치고 시끄러운 소리를 내서 용을 쫓아내려고 했다. 북유럽에서는 늑대가 태양을 먹기 때문이라고 생각하기도 했고, 북아메리카 원주민 신화 중에는 태양과 싸우는 곰에 관한 이야기도 있다.

힌두 신화에도 일식과 월식에 관한 이야기가 있다. 까마득한 옛날 신과 아수라(얼굴이 3개인 싸움을 좋아하는 귀신)가 불멸의 영약인 암리타를 얻기 위해 함께 대양을 산으로 휘저을 때다. 암리타를 얻고 나자 3대 주신 중 한 명인 비슈누는 아름다운 여인으로 변신해 아수라를 홀린 뒤 암리타를 신들에게만 나누어준다. 그때 스바바누라는 한 아수라는 속지 않았다. 스바바누는 변장하고 태양의 신과 달의 신 사이에 끼어 암리타를 받아마셨다.

그때 태양의 신과 달의 신이 스바바누를 눈치 채고 비슈누에게 알리자 비슈누는 스바바누의 머리를 잘라 버린다. 그런데 스바바부는 이미 암리타를 마셨기 때문에 죽지 않은 채 머리와 몸통으로 둘로 분리된다. 잘린 머리와 몸은 각각 별개의 존재인 라후와 케투

© Luc Viatour

▲ 1999년 프랑스에서 촬영한 개기일식 모습.

가 된다. 라후는 태양의 신과 달의 신에게 복수심을 불태우며 때때로 태양과 달을 따라잡아 삼키려 한다. 하지만 붙잡을 손이 없어서 태양과 달이 얼마 뒤 빠져나가 버리는 게 일식과 월식이다.

신화와 민담을 벗어나 역사의 영역으로 오면 기록을 통해 사람들이 일식과 월식을 어떻게 생각했는지 알 수 있다.

그리스의 역사가 헤로도투스가 쓴 《역사》에 따르면 그리스 철학자 탈레스는 일식을 예측했다. 많은 학자가 탈레스가 예언한 일식이 기원전 585년 5월 28일에 일어난 일식이라고 생각한다. 당시 메디아(오늘날의 이란 북서부)와 리디아(오늘날의 소아시아)는 6년에 걸친 전쟁을 치르는 중이었다. 일식이 일어나 태양이 빛을 잃자 두 국가는 이를 신의 계시라고 생각하고 즉시 전쟁을 멈췄다.

우리나라에서도 고려 시대에 이르면 일식을 어떻게 인식하고 있었는지 알려주는 기록을 찾을 수 있다. 일식은 다른 기이한 자연현상과 마찬가지로 왕과 왕실의 안위를 위협하는 징조였다. 그래서 일식이 일어나면 소복을 입고 의식을 행하며 일식이 물러가기를 기다렸다.

이후 유교의 영향이 점점 커지면서 일식은 지상에서 일어나는 일에 대한 하늘의 반응이라는 해석이 강해졌다. 왕이 잘못된 행동을 하거나 정치를 잘못하면 하늘에서 괴이한 일이 생긴다는 것이다. 왕이 올바르게 일을 돌본다면 일식이 일어나지 않게 할 수 있다고도 생각했다.

설날의 일식은 특히 더 신경 쓰이는 일이었다. 세종 때인 1432년 정월 초하루에 그런 일이 있었다. 세종은 세자와 신하들을 거느리고 의식을 행하기 위해 일식이 시작되기를 기다렸다. 그러나 일식은 끝내 일어나지 않았다. 사헌부는 일식을 예측하지 못한 죄로 담당 관리를 처벌해야 한다고 청했지만, 세종은 중국에서도 같은 예보가 있었다는 등의 이유로 처벌하지 않았다.

조선 후기에 이르면 정치가 잘못돼 세상이 평화롭지 않아서 일식이 일어난다는 인식은 점차 엷어진다. 18세기의 실학자 이익은 일식은 태양과 달의 움직임에 따라 일어나기 때문에 정치를 잘한다고 막을 수 있는 일이 아니라고 말하기도 했다. 일식이 두려워해야 할 필요 없는 자연 현상에 불과하다는 생각이 퍼지고 있었다.

# 밤이 없는 세계에 일식이 일어난다면?

▲《전설의 밤》을 쓴 SF작가 아이 작 아시모프

옛날 사람들은 일식을 두려워해 의식을 치르며 태양 빛이 다시 돌아오기를 기원했다. 사람들이 일식을 두려워하는 정도가 이보다 훨씬 심하다면 어떨까? 미국의 SF작가 아이작 아시모프Isaac Asimov는 중편소설 《전설의 밤》에서 기이한 세상을 묘사했다. 가상의 행성 라가쉬에는 태양이 여섯 개 있다. 어느 때든 적어도 태양이 한 개는 떠 있기 때문에 이곳 사람들은 밤을 모른다. 빛이 잘 들지 않는 동굴처럼 어두운 곳은 당연히 있지만, 온 세상이 어둠에 휩싸이는 밤은 상상조차 할 수 없다. 별의 존재를 모르므로 이들이 아는 세상은 굉장히 좁다. 태양 빛 너머에 드넓은 우주가 있다는 사실은 꿈도 꾸지 못하는 것이다. 그런데 일군의 과학자가 곧 문명이 멸망한다고 경고한다. 오래전부터 문명이 발전했다가 멸망하기를 반복해왔으며 곧 다시 멸망할 때라는 것이다. 이들은 과거의 문명이 모두 불에 타 멸망했고, 2000년에 한 번씩 일어났다고 주장한다. 또, 라가쉬의 궤도를 정밀하게 계산한 결과 이상한 점을 찾아냈고, 그 원인이 여섯 개의 태양 빛에 가려 보이지 않는 위성이었다는 사실이 드러난다. 태양이 하나만 떠 있을 때 이 위성에 완전히 가려지는 개기일식은 2000년에 한 번씩 일어났고, 밤을 처음 접한 사람들은 비이성적인 공포에 휩싸여 여기저기 불을 지르다가 문명을 멸망시켰던 것이다. 그리고 마침내 그 날이 다가오는데……

## 붉은 달의 공포

달이 가려지는 현상인 월식은 일식과 조금 다르다. 월식은 달이 지구의 그림자 속으로 들어갈 때 생긴다. 태양-지구-달 순서로 일직선으로 놓였을 때 지구가 태양 빛을 가려 그림자가 생기는 데 이 안에 달이 놓여야 한다. 그래서 월식은 보름달일 때만 일어난다. 일식과 마찬가지로 상황에 따라 완전히 그림자에 덮이는 개기월식이 일어나기도 하고, 일부분만 가리는 부분월식이 일어나기도 한다. 지구의 본그림자가 아닌 반그림자에 덮이기도 하는데, 이때는 모양은 변함없고 밝기만 조금 어두워진다.

월식은 지구 전체에서 볼 수 있기 때문에 일식보다 자주 관찰할 수 있다. 진행 시간도 몇 분이면 끝나는 일식보다 길어서 최대 100분까지도 이어질 수 있다. 또, 일식과 다른 점은 그림자에 가려도 달이 전혀 안 보이지는 않는다는 사실이다. 지구에 가려 태양 빛을 직접 받지는 못하지만, 지구 대기에 굴절된 태양 빛은 달에 닿는다. 이 빛은 붉은색을 띤다. 레일리 산란Rayleigh scattering이라는 현상 때문이다. 빛이 파장보다 아주 작은 입자를 만나면 산란되는데, 파장이 작을수록 더 많이 산란된다. 지구의 대기를 통과할 때 만나는 질소나 산소는 가시광선보다 파장이 아주 작기 때문에 레일리 산란 현상이 일어난다. 대기를 통과하는 동안 파장이 짧은 파란빛은 대부분 산란되고 파장이 긴 붉은빛만 남아서 달에 도착한다.

그래서 개기월식 때의 달은 붉은빛을 띤다. 이런 모습을 가리켜 '블러드문'이라고 부르기도 한다. 딱 봐도 왠지 불길해 보이지 않는가? 월식 역시 여러 문화권에서 불길한 징조를 뜻했다. 잉카 사람들은 재규어가 달을 먹고 있어서 월식이 일어난다고 생각했다. 달을 다 먹은 뒤에는 지상으로 내려와 사람과 동물을 먹어치운다고 생각해서 달을 향해 창을 휘두르며 재규어를 쫓아 버리려고 했다.

고대 메소포타미아 사람들은 일곱 악마가 달을 공격하고 있다고 생각했다. 또, 하늘의 일은 지상의 일과 이어져 있으므로 월식이 일어나면 왕이 공격을 받는다고 보았다. 그래서 월식을 앞두면 왕은 어디론가 숨고, 공격을 대신 받아줄 가짜 왕을 세웠다. 안타깝게도 이 가짜 왕은 월식이 끝나면 조용히 사라졌다고 한다.

모두가 나쁜 징조로만 본 건 아니다. 남아프리카공화국 웨스턴케이프대학교의 자리타 홀브룩Jarita Holbrook 교수에 따르면 토고와 베냉에 사는 바탐말리바 족은 일식과 월식을 태양과 달이 싸우는 것으로 보았다. 그래서 그 시기가 되면 태양과 달을 향해 서로 싸우지 말라고 기원하며, 오랜 싸움과 불화를 해소하는 화합의 장으로 여겼다.

우리나라에서는 월식을 일식과 비교해 조금 작은 사건으로 여겼다. 태양이 왕을 상징했다면, 달은 왕비를 상징했다. 월식 예보에 실패한 관리는 비교적 관대한 처분을 받았다.

그러나 조선 시대까지도 월식이 일어나면 매사에 조심했다. 월식에 왕이 함부로 움직이는 것은 좋지 않다고 생각해 행사나 의식을 취소하기도 했다. 조선왕조실록에는 1449년(세종 31년) 정월 대보름에 월식이 일어나서 많은 사람이 우울했을 것으로 보인다는 기록도 남아 있다. 월식은 왕과 왕비, 혹은 신하에게 나쁜 일이 일어나거나 또는 재해가 일어난다는 예언으로 받아들여지기도 했다. 월식이 일어난 뒤 얼마 지나지 않아 왕실의 주요 인물이 죽으면, 월식이 그 죽음을 예언한 것으로 해석했던 사례가 많다.

월식 외에 달에 생기는 이상 현상도 큰 관심사였다. 달무리가 생기거나 달과 행성이 가까워지거나 겹치는 일이 생기면 무심히 넘기지 않고 의미를 해석하려고 애썼다. '삼국사기'나 '고려사'에는 달의 이상 현상에 관한 기록이 많이 실려 있다. 하지만 이런 현상을 보고 당시 사람들이 어떻게 생각했는지는 정확히 알 수 없다.

## Part 2

# 달을 보면
# 떠오르는 생각

# ☽
# 달,
# 옛날이야기

푸른 하늘 은하수 하얀 쪽배엔

계수나무 한 나무 토끼 한 마리

돛대도 아니 달고 삿대도 없이

가기도 잘도 간다 서쪽 나라로


눈을 감고, 혹은 밤하늘을 보며 상상해보자. 은하수를 배경으로 둥실 떠 있는 하얀 쪽배가 느긋하게 서쪽을 향해 가는 모습을. 아름답고 서정적인 분위기를 자아내는 이 동요는 우리나라 최초의 창작동요인 '반달'이다. 우리나라 사람이라면 모르기가 어려운 동요지만, 제목만은 생소할지도 모르겠다. 가사에는 반달이라는 단어가 전혀 나오지 않아서 더 그럴 수도 있다.

혹시 제목을 모르고 있었다면, 다시 한번 가사를 음미해 보자. 하얀 쪽배는 당연히 반달이다. 전설에 따르면 달에는 토끼가 살면서 계수나무 아래에서 떡방아를 찧지 않던가? 쪽배에 타고 있는 건 당연히 토끼일 수밖에. 쪽배가 서쪽 방향을 향하는 건 달이 실제로 동쪽에서 떠서 서쪽으로 지기 때문이다.

밤하늘을 표표히 움직이는 아름다운 반달의 모습이 선명하게 떠오른다. 동요지만, 명랑하기보다는 어딘가 애잔한 느낌이 든다. 요즘 도시에서는 밤에 별을 보기 어렵다. 도시의 불빛에 부옇게 된 밤하늘에 외롭게 빛을 발하고 있는 달을 보고 이 노래를 생각하면 더 애잔하다.

요즘 사람들은 아파트와 빌딩 위로 떠오른 달을 보며 무슨 상상을 할까? 상상을 하기는 하는 걸까? 사람이 달에 다녀온 지도 벌써 50년이다. 선명한 고해상도 사진으로 볼 수 있는 커다란 바윗덩어리는 이제 예전처럼 사람들의 자유분방한 상상력을 자극하지 못할지도 모른다.

옛날 사람들은 달랐다. 예로부터 달은 상상력의 중요한 원천이었다. '반달'을 작사/작곡한 윤극영이 우주를 떠가는 외로운 쪽배를 떠올리기도 한참 전부터 사람들은 달을 두고 갖가지 이야기를 꾸며냈다. 밤하늘을 지배하는 존재이자 매일 모양이 바뀌는 달은 눈길을 끌지 않을 수가 없다. 저런 달이 도대체 어떻게 생겨났을지, 어떻게 매일 모양이 바뀌는지는 아주 궁금한 일이었을 것이다. 당시에는 알 수 없었던 달의 기원을 설명하기 위한 시도가 과학이 아닌 신화와 민담 형식으로 나타났다.

우리나라뿐 아니라 세계 곳곳의 신화와 민담에도 해와 달이 등장한다. 기독교 창세기에서는 신이 두 큰 광명체를 만든 뒤 큰 광명체로 낮을 주관하고, 작은 광명체로 밤을 주관하게 했다고 쓰여 있다. 마야 신화에는 해와 달이 각각 용감한 사냥꾼과 아름다운 여성이었다는 이야기가 있다. 오랜 옛날, 세계 각지의 사람이 달을 보며 무슨 생각을 했는지를 보여주는 여러 이야기를 간단히 살펴보자.

## 해님과 달님

우리나라 전래동화에는 해와 달이 된 오누이 이야기가 있다. 산속에 홀어머니와 함께 사는 오누이가 있었다. 엄마가 장에 떡을 내다 팔아서 살고 있었는데, 어느 날 밤 엄마가 장터에서 돌아오다 호랑이를 만난다.

"떡 하나 주면 안 잡아먹지!"

엄마는 고개를 하나 넘을 때마다 떡을 주었지만, 떡이 다 떨어지자 호랑이는 엄마를 잡아먹고 만다. 엄마를 잡아먹은 호랑이는 오누이까지 잡아먹으려고 엄마로 위장하고 집으로 찾아간다. 다행히 오누이는 속지 않고 꾀를 써서 호랑이에게서 도망친다.

결국, 호랑이에게 붙잡히게 된 오누이가 하늘을 향해 기도하자 하늘에서 동아줄이 내려온다. 동아줄을 타고 하늘로 올라간 오누이는 해와 달이 되어 낮과 밤을 비춘다.

원래는 오빠가 해, 여동생이 달이었는데, 여동생이 밤이 무섭다고 하자 오빠가 바꿔주어서 오빠가 달, 여동생이 해가 된다. 원래는 민담으로 전해 내려왔던 이야기로, 지면에 처음 실린 건 1922

년이다. 잡지 〈개벽〉에 주요섭이 《해와 달》이라는 제목으로 실었다. 바로 《사랑 손님과 어머니》의 작가로 유명한 주요섭이다.

## 대별왕과 소별왕

창세 신화로 우리나라 각지에서 전해 내려오는 천지왕 신화는 이 세상이 혼돈으로 시작해 질서를 갖추는 과정을 흥미롭게 이야기 한다. 출처에 따라 세부 내용은 다르지만, 대강의 줄기는 이렇다.

아주 오랜 옛날 이 세상은 하늘과 땅의 구별이 없는 암흑 세상 이었다. 그러던 어느 날 하늘과 땅이 갈라지면서 산과 물, 나무, 짐승, 사람, 별이 생겨났다. 그리고 바닷속에서 눈이 네 개인 거인이 솟아올랐다. 앞의 두 눈은 뜨거운 해가 되고, 뒤의 두 눈은 서늘한 달이 되었다.

그렇게 생겨난 세상은 어지러웠다. 낮에는 너무 뜨거워서 견딜수가 없었고, 밤에는 참을 수 없을 정도로 추웠다. 게다가 사람은 물론 짐승과 식물까지도 말을 해대는 통에 정신이 어지러워 살 수가 없었다.

세상을 주관하는 천지왕은 이를 해결할 방도가 없어 고민하고 있는데, 잠을 자다가 꿈을 꾸었다. 지상에서 신비한 기운 두 줄기가 솟아오르더니 해와 달을 하나씩 집어삼키는 게 아닌가. 천지왕은 이를 태몽이라 생각하고 지상의 총명부인과 관계를 맺어 아이를 가진다.

이렇게 태어난 아들 쌍둥이가 대별왕과 소별왕이다. 천지왕이 하늘로 돌아가 버렸기 때문에 이들은 아버지를 모른 채 자라지만, 타고난 슬기와 재주는 감출 수가 없었다. 어느덧 나이를 먹은 대별왕과 소별왕은 아버지가 궁금하지 않을 수 없었다.

"어머니, 저희 아버지는 어떤 분이십니까?"

아들이 간청하자 총명부인은 결국 천지왕이 주고 간 박씨를 꺼낸다.

"너희 아버지가 너희들에게 주라고 한 것이다."

대별왕과 소별왕이 박씨를 심었더니 금세 싹이 나서 줄기가 하늘을 향해 뻗어 올라갔다. 형제는 줄기를 타고 하늘로 올라가 천지왕과 만났다. 천지왕은 두 아들을 시험에 들게 한다.

"너희가 정녕 내 아들이라면 해와 달을 하나씩 떨어뜨려라."

명을 받은 형제는 활과 화살을 들고 나섰다. 대별왕이 먼저 활을 쏘아 해를 떨어뜨리자 소별왕이 달을 떨어뜨렸다. 마침내 세상의 혼돈을 바로잡을 수 있게 되자 천지왕은 매우 기뻐하며 대별왕과 소별왕에게 각각 이승과 저승을 맡겼다.

## 두꺼비가 된 여신

중국 고대 신화에는 반고라는 시조가 있다. 큰 알 속에서 잠을 자며 1만 8000년을 보내다 눈을 떠 보니 주위는 온통 흐릿한 혼돈 뿐이었다. 반고가 큰 도끼로 알을 깨뜨리자 맑은 기운은 위로 올라가 하늘이 되고, 무겁고 탁한 기운은 아래에 모여 땅이 되었다.

반고는 하늘과 땅이 다시 붙지 않도록 땅 위에 서서 하늘을 받치고 섰다. 매일 자신의 키를 늘렸더니 하늘과 땅은 아주 멀찍이 떨어지게 되었다. 지친 반고가 쓰러져 죽자 몸에서 큰 변화가 일어났다. 입에서 나온 숨은 바람이, 목소리는 천둥소리가, 왼쪽 눈은 해가, 오른쪽 눈은 달이 되었다. 몸은 산이 되고, 피는 강이 되고, 털은 나무가 되었다.

그렇게 탄생한 세상에 사람이 생겨나 나라를 이루어 살기 시작했다. 시간이 흘러 요임금이 나라를 다스리던 시절, 어느 날 갑자기 하늘에 해가 열 개 나타나 땅 위에 재앙을 가져왔다. 강렬한 열기로 땅이 말라붙어 갈라지고 너무나 더워서 숨도 쉬기 어려웠다. 먹을 것이 사라지니 사람의 삶은 피폐해지기만 했다.

이 해 열 개는 동방 천체의 아들 열 명이었다. 원래는 한 번에 한 명씩만 하늘로 올라가야 했는데, 너무 오랫동안 그러다 보니 심심해진 나머지 작당을 하고 열 명이 동시에 하늘로 뛰쳐나가 버렸던 것이다. 이들의 짓궂은 장난에 나라가 혼란스럽자 요임금은 하늘을 향해 기도를 올린다.

마침내 동방 천제도 이대로는 안 되겠다고 생각했는지, 활을 잘

쏘기로 유명한 천신 예를 지상으로 내려보낸다.

"지상에 내려가서 어려운 일을 도와주고 혼란을 바로잡도록 해라."

명을 받은 예는 아내인 상아와 함께 인간 세상으로 내려갔다.

가장 큰 문제는 열 개나 되는 해였다. 예는 이글거리는 해를 향해 활을 쏘아 하나씩 떨어뜨리기 시작했다. 해가 줄어들자 하늘의 열기도 조금씩 줄어들었다. 사람들이 환호하는 사이 문득 해가 전부 없어지면 그것도 그것대로 문제라는 데 생각이 미친 요임금은 몰래 예의 뒤로 다가가 화살 하나를 숨겨 놓았다. 덕분에 해 하나는 남아서 지상을 비출 수 있게 되었다.

그런데 천체는 예에게 크게 화를 냈다. 아무리 인간을 도와주라고 했다고 한들 천체의 아들을 죽여 버렸으니 분노하는 것도 당연했다. 예는 결국 천신이라는 지위를 박탈당하고 인간의 몸이 되어 지상에 살게 되었다.

남편과 함께 하늘에서 쫓겨난 상아는 하늘이 너무 그리웠다. 무엇보다 인간처럼 죽는다는 게 몹시 두려웠다. 아내의 불평을 견디지 못한 예는 결국 불사약을 갖고 있다는 서왕모를 찾아가고, 고생 끝에 마지막 남은 불사약을 손에 넣는다.

"우리 둘이 이 약을 나누어 먹으면 영원히 죽지 않고 살 수 있소. 한 사람이 혼자서 다 먹는다면 하늘로 올라가 신이 될 수 있다고 하오."

부부는 좋은 날을 받아 약을 먹기로 하고, 긴 여행에 지친 예는 잠이 들었다. 불사약을 지그시 바라보던 상아는 못된 생각을 하기 시작했다.

'혼자서 다 먹으면 다시 신이 될 수 있다.'

결국, 유혹을 참지 못한 상아는 예가 잠든 사이에 혼자 약을 다 먹고 하늘로 올라간다. 상아가 도망친 곳은 바로 달이었다. 하지만 모든 것을 보고 있던 천제는 상아를 괘씸하게 여겨 흉측한 두꺼비로 만들어 버린다. 달에서 두꺼비가 되어 버린 상아의 모습을 볼 수 있을까? 다음에 달을 보면 얼룩덜룩한 무늬를 유심히 관찰해보자.

한편, 상아가 본래 모습을 유지한 채 무사히 달로 도망쳤지만, 방아를 찧는 토끼와 계수나무 말고는 아무것도 없는 월궁에서 쓸쓸히 살며 매일 같이 후회했다는 결말도 있다.

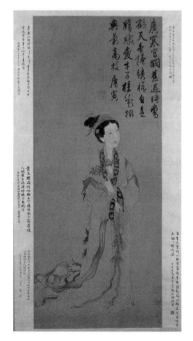

◀ 남편을 배신하고 벌을 받아 달에 유배된 상아.

## 달로 돌아간 여신

옛날 옛적 일본에 대나무 자르는 노인이 살고 있었다. 자식이 없어 부인과 둘이서만 쓸쓸히 살고 있었다. 그러던 어느 날 노인은 신비하게 빛을 발하는 대나무를 발견했다. 대나무를 자르자 그 안에는 엄지손가락만 한 여자 아기가 있었다. 노부부는 크게 기뻐하며 아이를 거두어 가구야 공주라는 이름을 붙여 길렀다.

그 뒤부터 노인이 대나무를 자를 때마다 조금씩 금이 나와 부부는 금세 부자가 되었다. 시간이 흘러 가구야 공주는 대단한 미인으로 자라났다. 미모에 관한 소문은 나라 전체에 퍼져 마침내 다섯 왕자가 가구야 공주에게 청혼하러 찾아왔다.

가구야 공주는 결혼하자고 요구하는 다섯 왕자에게 조건을 내걸었다. 자신이 부탁한 물건을 먼저 찾아오는 왕자와 결혼하겠다는 것이다.

첫 번째 왕자에게는 인도에서 돌로 만든 부처의 바리때(승려의 공양 그릇)를 가져와 달라고 부탁했다. 두 번째 왕자에게는 보석이 열린 나뭇가지를, 세 번째 왕자에게는 전설 속 불쥐의 털가죽을, 네 번째 왕자에게는 용의 목에 걸려 있던 목걸이를, 다섯 번째 왕자에게는 제비의 자안패(진귀한 조개 껍데기)를 찾아오라고 했다.

첫 번째 왕자와 두 번째 왕자는 해내는 게 불가능하다는 생각이 들자 가짜로 만든 물건을 가져와 가구야 공주를 속여 넘기려고 했다. 하지만 가구야 공주는 속지 않았다. 나머지 왕자도 모두 실패하고 말았다.

▲ 노부부에게 발견된 가구야 공주는 어른이 된 뒤 달로 돌아간다.

다섯 왕자가 모두 실패하자 천황인 미카도가 이 아름답고 신비로운 여인을 보러 직접 나선다. 그러고는 사랑에 빠졌다. 가구야 공주는 미카도의 청혼도 거절하지만, 연락을 계속 주고받는다.

그때부터 조금씩 이상한 행동을 보이던 가구야 공주는 마침내 키워준 노부부에게 사실을 털어놓는다. 가구야 공주는 달나라에서 왔으며 곧 다시 달로 돌아가야 한다는 것이다.

달로 돌아가야 할 때가 가까워져 오자 미카도는 병사를 보내 가구야 공주의 집을 둘러싼 채 달나라 사람들을 막으려 했지만, 역부족이었다. 가구야 공주는 미카도에게 편지와 불사약을 남긴 채 깃털 옷을 어깨에 두르고 달로 떠난다.

미카도는 가구야 공주를 지키러 갔던 병사에게 편지와 불사약을 전해 받았지만, 슬픔을 억누를 수 없었다. 결국, 하늘에 가장 가까운 산을 찾아 그 산꼭대기에서 편지와 불사약을 불태운다. 가구야 공주가 없는 세상에서 영원히 살고 싶은 생각은 추호도 없었다.

미카도가 편지와 불사약을 태운 산은 훗날 후지산이라고 불리게 된다(후지와 불사는 일본어로 발음이 같다).

## 달의 신들

세계 각지에는 다양한 신 또는 신적인 존재가 있다. 그중에는 달의 신도 거의 빠지지 않고 있다. 달의 신이 남성인 곳도 있고, 여성인 곳도 있다. 보통 달의 신은 태양의 신과 동급이거나 조금 아래의 지위로 나타나지만, 지역에 따라서는 달이 태양에 앞서는 곳도 있다. 리투아니아에는 달이 태양보다 먼저 생겼다는 내용을 담은 이야기가 있다. 달은 창조신이 세상과 인간을 만들 때부터 옆에서 지켜보고 있었다.

어떤 민족은 태양보다도 달을 더 숭배한다. 힘이 약해 수시로 쫓겨 다녔던 민족이라면 어둠을 은은하게 비추는 달이 자신을 보호해준다고 생각했을지도 모른다. 휘어진 뿔이 난 황소를 숭배하는 행위가 달 숭배와 관련이 있다고 추측하기도 한다.

## 찬드라

힌두 신화에서 달의 신은 찬드라다. 다산의 상징이기도 하다. 찬드라가 등장하는 이야기가 여럿 있는데, 그중에는 달이 차고 이지러지는 이유와 표면에 얼룩이 있는 이유를 설명하는 내용도 있다.

몸은 인간이고 얼굴은 코끼리인 신 가네샤가 풍요의 신인 쿠베라가 연 잔치에 갔다가 돌아가는 길이었다. 가네샤는 쥐를 타고 있었다. 보름달이 뜬 밤이었다. 갑자기 뱀 한 마리가 앞에 나타나는 바람에 쥐가 가네샤를 떨어뜨리고 도망쳐 버리고 말았다. 잔뜩 부른 배부터 땅에 떨어진 가네샤는 먹은 것을 토해냈다.

▲ 힌두 신화에 등장하는 달의 신 찬드라.

그 모습을 본 찬드라는 신나게 웃어댔다. 화가 난 가네샤는 자신의 상아 하나를 떼어 내 달을 향해 힘껏 던지며 두 번 다시 보름달이 되지 못하게 되리라고 저주를 퍼부었다. 그때 입은 상처 때문에 달 표면이 얼룩져 있다는 이야기다.

## 토트

이집트 신화의 신은 복잡한 속성을 지니고 있다. 이집트 신화에서 달의 신으로는 토트를 들 수 있다. 많은 신화에서 여러 가지 특징을 가지고 중요한 역할을 하는 신으로, 주로 싸움의 중재자나 상담자로 등장한다. 지혜와 지식, 마법을 상징하기도 하며, 문자를 만들었다고도 한다. 주로 따오기 얼굴을 한 인간의 모습으로 나온다.

신화에 따라 태양신 라가 토트에게 달을 만들어주었다는 이야기도 있고, 토트가 직접 달을 만들 수 있게 허락해주기도 했다고도 한다. 매일 바뀌는 모양으로 시간의 흐름을 알려주는 달의 신답게 토트는 시간을 측정하는 역할도 맡았다.

또, 토트는 일 년이 365일이 된 원인이기도 하다. 이 이야기에는 콘수라는 다른 달의 신이 등장한다. 태양신 라는 강대한 신이었지만, 누군가 자신의 자리를 빼앗을까 봐 두려워했다. 그래서 여신 누트가 아이를 낳을 수 있게 되자 분노하며 누트가 일 년 내내 아이를 낳지 못하게 만들었다. 그때는 일 년이 360일이었다.

속상한 누트가 지혜로운 토트에게 이 이야기를 하자 토트는 기꺼이 도와주겠다고 했다. 토트는 달의 신 콘수를 찾아가 내기를 제

▲ 이집트 신화의 토트는 달의 신일 뿐만 아니라 다양한 역할을 한다.
가장 오른쪽에 따오기 얼굴을 한 신이 토트다.

안했다. 토트가 이기면 콘수는 달빛을 조금씩 내어주어야 했다.

내기는 토트의 승리로 끝났고, 토트는 얻은 달빛을 가지고 5일
을 만들었다. 이 5일은 라가 관여하지 않은 날이었기 때문에 누트
가 아이를 낳을 수 있었다. 그리하여 일 년은 365일이 되었고, 그 5
일 동안 누트는 다섯 자녀를 낳았다.

그때 잃은 달빛 때문에 원래 매일 보름달이었던 달은 힘을 잃어
지금처럼 이지러졌다가 다시 차오르게 되었다. 나중에 달의 신이
라는 속성은 토트에게 옮겨오게 된다.

## 난나

메소포타미아 지방에는 난나라고 부르는 달의 신이 있다. 수메르어로는 난나이고, 아카드어로는 신Sin이라고도 한다. 난나는 바람을 관장하는 신 엔릴이 여신인 닌릴을 겁탈하여 낳은 자식이다. 난나는 달의 신이 으레 그렇듯 지혜의 신으로도 통한다. 당시에는 달의 변화와 주기를 아는 게 중요했고, 그런 천문학은 지혜나 지식을 상징했기 때문으로 보인다.

## 셀레네

그리스 신화의 셀레네는 달의 여신이다. 타이탄족인 히페리온과 테이아의 딸이며, 로마 신화에서는 루나다. 셀레네는 매일 새하얀 백마 두 마리가 끄는 은빛 달의 전차를 끌고 하늘을 움직이며 밤하늘에 빛을 제공한다. 아르테미스와 헤카테도 달의 여신으로 나타나지만, 셀레네는 유일하게 달 자체였다.

셀레네가 돌보는 인간 남자 엔디미온과 사랑에 빠졌다는 이야기가 가장 유명하다. 어느 날 밤 돌보던 소 옆에서 잠을 자는 엔디미온을 보고 사랑에 빠진 셀레네는 제우스에게 엔디미온이 영원히 늙지 않고 죽지 않게 해달라고 부탁했고, 엔디미온은 영원한 잠에 빠졌다는 이야기다. 엔디미온이 잠자는 사이에 키스할 수 있도록 영원히 잠들게 했다는 이야기도 있다.

◀ 17~18세기 이탈리아의 화가 세바스티아
노 리치가 그린 셀레네와 엔도미온.

## 쓰쿠요미노 미코토

일본 신화에도 달의 신이 있다. 최초의 땅인 오노고로시마를 창
조한 이자나기가 저승에 갔다가 와서 몸을 깨끗이 씻을 때 오른쪽
눈에서 태어났다. 왼쪽 눈에서 태어난 최고신 아마테라스 오오미
카미와 코에서 태어난 폭풍의 신 다케하야 스사노오노 미코토와
형제지간이다. 쓰쿠요미노는 고대 일본어로 '달'과 '읽는다'라는
단어가 합쳐진 것이라는 설이 있다. 달을 읽는다는 뜻은 고대에 달
이 달력의 역할을 했다는 사실에서 유래한 것으로 보인다.

# 달에는 왜 토끼가 있을까?

우리나라뿐만 아니라 중국과 일본, 태국, 인도에 이르기까지 아시아에는 달에 토끼가 있다는 이야기가 많이 퍼져 있다. 어쩌면 불교에서 전해오는 전설이 그 이유를 설명해줄지도 모르겠다.

옛날 옛적 토끼와 자칼, 수달, 원숭이가 살고 있었다. 이들은 비천한 짐승의 몸으로 살면서 복을 받기 위해 선한 일을 해야겠다고 생각했다. 늙은 거지 한 명이 다가와 구걸하자 원숭이는 나무에 올라가 온갖 과일을 따다가 주었다. 수달은 물고기를 잡아 왔고, 자칼은 도마뱀을 훔쳐왔다.

다들 거지 노인에게 먹을 것을 가져다주는데, 토끼는 풀밖에 가져다줄 게 없었다. 아무리 생각해도 다른 수가 없자 토끼는 "저는 달리 드릴 게 없으니 제 몸을 구워 드십시오"라고 말하며 노인이 지펴 놓은 불 위로 몸을 던졌다. 그러자 거지 노인이 정체를 드러냈는데, 바로 불교의 수호신 중 한 명인 제석천이었다.

제석천은 토끼의 마음을 갸륵하게 여겨 누구나 토끼의 모습을 볼 수 있도록 달에 토끼의 모습을 새겨 놓았다. 불교 경전에 따르면, 이 이야기는 석가모니가 전생에 겪은 일이라고 한다. 즉, 자신을 희생해 선을 행한 토끼는 부처의 전생인 것이다.

## ☾
# 달을 보면
# 무슨 기분이 들까?

 

은은하게 빛나는 달빛 아래 남녀가 말없이 앉아 있다. 하늘은 청명하고, 산들거리며 부는 바람도 포근하다. 잔잔하게 흐르는 강가에 달빛이 비쳐 일렁인다. 이따금 들리는 풀벌레 소리 말고는 고요하기 그지없는 분위기가 어색한지 남자가 몇 번이나 입술을 달싹이다가 만다. 여자는 그런 분위기를 느끼면서도 수줍어 하늘만 쳐다본다. 마침내 남자가 용기를 내 나직하게 읊조린다. "달이 참 예쁘네요."

두 사람은 어떤 감정을 느끼고 있을까? 두 사람의 마음은 서로 통하고 있을까? 여러분이라면 어떤 느낌이 드는지?

《나는 고양이로소이다》,《마음》 같은 작품으로 널리 알려진 나쓰메 소세키라는 일본 작가가 있다. 1867년 태어나 영국 유학까지 다녀온 영문학자이기도 한데, 이 사람과 관련된 재미있는 일화가 있다. 수업 도중 한 학생이 영문 'I love you'를 '당신을 사랑합니다'라고 번역하자, 일본인이 그렇게 직접 말하지는 않을 거라며 '달이 예쁘네요' 정도로 옮기는 게 낫겠다고 했다는 이야기다. 혹은 소설을 번역할 때 고민하다가 그렇게 했다는 설도 있다.

이 일화가 사실인지 아닌지는 알 수 없다. 하지만 '달이 예쁘네요'와 같은 말이 '사랑합니다'와 통한다고 생각했다는 점은 눈여겨볼 만하다. 요즘처럼 사랑을 직설적으로 고백하는 시대라면 "뜬금없이 무슨 소리야"라고 할 수 있겠지만, 옛날처럼 은근히 에둘러서 표현하는 분위기라면 어느 정도 마음이 전해질 것도 같다. 어둠 속에서 은은하고 부드럽게 비추는 달빛은 강렬한 햇빛보다 확실히 더 어울려 보인다.

## 사랑의 수호자

신윤복은 김홍도, 김득신과 더불어 조선의 풍속 화가로 유명하다. 양반의 행태를 풍자하거나 여성의 생활상을 묘사하는 그림을 남겼다. 신윤복이 남긴 그림 중에는 〈월하정인〉이라는 작품이 있다. 달이 떠 있는 야심한 시각 어느 담벼락 밑에서 남녀가 은밀하게 만나고 있는 모습을 그린 그림이다. 제목이 아니더라도 분위기만 보면 두 남녀가 서로 어떤 감정을 품고 있는지 대번에 알 수 있다. 남녀가 유별했다고 알고 있는 조선 시대에도 어떻게든 연애는 한 것을 보면 사람 사는 건 변함이 없는 것 같다.

이 그림에서도 남몰래 만나는 연인을 밝혀주는 것은 바로 달빛

▲ 야심한 시각 두 남녀의 은밀한 만남을 그린 〈월하정인〉.

이다. 달이 아니라 태양이었다면 어땠을까? 태양은 어둠을 완전히 몰아내지만, 달은 어둠을 살짝만 걷어내며 그 안에서 함께 공존한다. 은밀한 사랑의 도피자에게도, 모두 잠든 시각 몰래 정을 키우는 청춘에게도, 우리 둘밖에 없는 분위기를 느끼고 싶은 연인에게도 달은 사랑을 떠올리게 하는 존재였을 것이다.

사랑에 빠지지 않은 사람이라고 해도 부드럽게 사방을 감싸는 달빛은 포근한 느낌을 받게 한다. 동아시아에서 어두운 하늘을 휘영청 밝히는 보름달은 복, 풍요, 좋은 징조를 나타낸다. 설을 지내고 처음 보름달이 뜨는 날은 정월대보름으로 우리 민족의 중요한 명절이다. 설과 함께 양대 명절인 추석도 음력 8월 15일, 보름달이 뜨는 날이다. 이때 뜨는 보름달을 보며 우리는 소원을 빈다.

# 〈월하정인〉의 미스터리

〈월하정인〉 속의 달 모습을 가만히 보면 이상한 점을 느낄 수 있다. 모양은 초승달인데 볼록한 면이 위쪽을 향하고 있다. 실제 초저녁에 보이는 초승달은 볼록한 면이 거의 아래를 향한다. 2011년 충남대 천문우주과학과의 이태형 겸임교수는 신윤복이 초승달을 그린 게 아니라 월식을 보고 그렸으며, 〈월하정인〉 속의 월식이 일어난 날짜를 정확히 알아낼 수 있다고 주장했다.

그림 속 글에 따르면 남녀가 만난 시각은 밤 12시 정도다. 월식은 보름달에만 일어나므로 밤 12시에 달은 가장 높이 뜬다. 그런데 남중한 보름달이 처마 근처에 올 정도로 낮으므로 달의 남중고도가 낮은 여름이라고 판단했다. 그리고 달이 전부 가려지지 않았으므로 부분월식이다. 이 교수는 신윤복이 활동했던 시기에 서울에서 볼 수 있었던 월식을 조사했다. 그 결과 1784년 8월 30일과 1793년 8월 21일에 그림과 같은 부분월식이 있었다. 그중 1784년의 월식 때는 서울에 비가 내렸다는 기록이 있으므로, 신윤복은 1793년의 월식을 보고 〈월하정인〉을 그렸다고 주장했다.

다른 전문가들은 신윤복이 어느 특정 날짜의 달을 실제로 보고 똑같이 그렸다고 할 수 없다고 지적했다. 예술가이기 때문에 실제 모습보다는 작품의 분위기를 살리는 데 치중했을 것이라는 반론이다. 과거의 예술 작품을 과학적으로 해석해보려는 시도는 재미있지만, 신윤복이 실제로 이 월식을 보고 그렸는지는 알 방법이 없다.

## 달과 여성

세계의 수많은 신화에서 달의 신은 남성이기도 하고 여성이기도 하며, 때로는 양성의 속성을 다 갖고 있기도 하다. 하지만 굳이 따지자면, 달에 여성성을 부여하는 경우가 좀 더 많다. 왜일까? 강렬한 빛을 내뿜는 태양과 달리 은은하게 어둠을 밝히는 달에서 여성성을 느꼈기 때문일까. 남성과 다른 여성의 성 역할을 반영한 결과일까. 여성의 지위가 남성보다 낮았기 때문에 태양 빛을 반사해서 빛나는, 광채가 덜한 달을 주었던 것일까. 그럴지도 모른다. 우리나라에서도 태양은 왕을, 달은 왕비를 상징했다.

오늘날에도 그런 분위기가 남아 있지만, 과거 여성은 가정을 돌보고 자녀를 양육하는 역할을 주로 맡았다. 모성과 돌봄, 포근함이라는 속성은 뜨겁고 파괴적인 태양보다는 달과 더 잘 어울린 모양이다. 사실 이런 이미지는 아주 오래된 것일 수도 있다.

1911년 프랑스에서 장 가스통 라란Jean Gaston Lalan이라는 사람이 선사시대의 유물을 발견했다. 커다란 석회암에 새긴 조각으로, 벌거벗은 여성의 모습을 담고 있었다. 〈로셀의 비너스〉라고 불리는 이 작품은 약 2만 5000년 전, 후기 구석기 시대의 사람이 남긴 것이다. 커다란 가슴과 엉덩이를 지닌 이 여성은 한 손을 부풀어 오른 아랫배, 자궁이 있는 곳에 올리고 있다. 정확한 의미는 알 수 없지만, 비슷한 시기에 만들어진 다른 비너스 상처럼 다산을 기원하는 주술적인 목적을 지녔다고 해석하기도 한다. 혹은 모성, 생식력, 풍요를 상징하는 여신의 모습을 나타낸 것일 수도 있다.

흥미를 끄는 다른 부분은 로셀의 비너스가 다른 한 손에 든 채 바라보고 있는 들소의 뿔이다. 자세히 보면 이 뿔에는 눈금 13개가 새겨져 있다. 이 눈금은 무엇을 의미할까. 초승달이 뜬 뒤 보름달이 될 때까지 걸리는 13일을 뜻할 수 있다. 아니면, 1년 동안 초승달이 뜨는 횟수인 13을 나타내는 것일 수도 있다. 이런 이유로 이 여인이 뿔로 만든 달력을 바라보고 있다고 생각하기도 한다.

## 풍요의 달

달의 삭망 주기가 여성의 월경 주기와 길이가 거의 일치한다는 사실도 달과 여성의 생식력을 연관 짓는 데 이바지했다. 물론 실제

▲ 프랑스 보르도 박물관에서 보관하고 있는 로셀의 비너스. 오른손에 들고 있는 뿔과 뿔에 새긴 눈금은 초승달의 상징일까?

로는 그 둘 사이에 아무런 관계가 없다. 지금보다 훨씬 자연의 영향을 크게 받았던 과거라면 모르겠지만, 일단 현대에 들어서는 달빛 또는 달의 모양이 월경 주기에 영향을 끼친다는 증거는 없었다. 월경을 하는 다른 포유동물의 주기는 달과 무관하다.

두 주기가 비슷한 것은 순전히 우연일 가능성이 크지만, 통계를 몰랐던 옛날에는 둘 사이에 관계가 있다고 생각했다. 월경이라는 이름에는 아예 달 월月 자가 들어가 있다. 순우리말로도 '달거리'라고 부른다. 영어 단어인 'menstruation'도 라틴어로 달을 뜻하는 단어에서 유래했다. 여기서 달은 천체인 달이기도 하고, 한 달 두 달 할 때의 달이기도 하다. 어차피 모두 엮여 있는 말이다. 그래서 보름달일 때 여성의 생식력이 좋아진다거나 아이가 더 많이 태어난다는 속설이 생겼다.

고대 바빌로니아인은 여성은 달에 따라 생식력이 왔다 갔다 한다고 생각했다. 일정한 주기에 따라서 차고 이지러지는 달은 배란과 출혈이 반복되는 월경과 비슷하다. 그믐달을 전후로 출혈이 있었다면, 보름달 즈음에 배란이 일어나게 된다. 월경이 정말 달과 주기를 함께했다면, 달력이 없던 세상에서 임신 가능성을 높이는 데는 도움이 됐을 것이다.

그리스 철학자 아리스토텔레스는 월경이 여성이 보관하고 있던 미사용 자양분을 방출하기 위한 현상이라고 생각했으며, 달이 이지러질 때 월경을 한다고 생각했다. 당연히 사실이 아니다. 만약 여성의 월경 주기가 달의 모양에 따른다면 이 세상 모든 여성의 생리 주기는 똑같아야 하는데, 실제로는 그렇지 않다. 남자 주제에 월경에 관해 무엇을 안다고 그런 말을 했을까. 현대에 들어 체계적으로 연구한 결과 달과 임신, 출산율 사이에는 어떤 관계도 없었다.

달이 식물의 성장에 영향을 끼친다는 믿음도 널리 퍼져 있었다. 유럽에서는 달의 모양에 따라 특정 작물이나 과일을 수확하거나 나무를 베던 시기가 있었다. 정원을 가꿀 때도 달의 영향력을 고려했다. 어떤 식물은 달이 차고 있을 때 심었고, 어떤 식물은 달이 이울고 있을 때 심었다. 그래야 풍성한 결과물을 만들어낼 수 있다고 생각했기 때문이다. 이런 믿음은 지금도 곳곳에 남아 있지만, 곧이곧대로 믿기는 어렵다. 달빛이 식물의 생장이나 곤충의 활동에 영향을 끼칠 수는 있겠지만, 달의 모양 변화가 열매나 꽃에 대단한 영향을 끼친다고 볼 만한 증거는 없다.

달이 예전부터 풍요와 생식력의 상징이었다고 해놓고 관련된 믿음과 속설은 전부 틀렸다고 하니 다소 민망하다. 옛날 사람들의 기대와 기원은 죄다 헛수고였던 걸까. 훗날 몇몇 인간과 우주선이 찾아가 본 달도 생명체란 전혀 없는 무심한 황무지였다.

## 불길한 보름달은 미신

반대로 달을 부정적으로 여기기는 문화도 있다. 풍요의 상징이기는 했지만, 달이 존재감을 드러내는 시기는 태양이 지고 난 밤이었다. 어두운 밤하늘에서 조금씩 커지며 밝아지다가 보름달을 정점으로 조금씩 기우는 달을 보면 다시 어둠이 밀려오고 있다는 생각이 들었을 것이다. 점점 작아지며 어두워지는 달은 죽음을 떠올리게 했다. 그러다 마침내 그믐달이 되면 밤하늘은 별빛을 제외하면 칠흑처럼 깜깜해진다. 요즘 같은 조명이 없었던 시절 달빛조차 없는 밤은 두려움의 대상이었다. 어두운 밤은 범죄와 악덕이 주로 일어나는 배경이기도 하다.

동양과 달리 서양에서는 보름달을 불길한 상징으로 여기는 경향이 널리 퍼져 있다. 보름달이 사람의 정신에 나쁜 영향을 끼친다는 것이다. 정신 건강을 해치거나, 혹은 간질 같은 발작을 일으킨다는 것이다. 영어의 'lunar'는 '달의~'라는 뜻이지만, 여기서 나온 단어인 'lunatic'은 '미치광이', '정신이상자'를 뜻한다.

이런 현상을 두고 옛날 사람들은 나름대로 설명을 만들어냈다. 달이 밀물과 썰물을 일으키듯이 몸 안의 수분을 움직여 정신 상태에 영향을 끼친다는 이론도 있었고, 달의 모양이 변하는 현상이 사람 몸을 이루는 체액의 균형을 깨뜨려서 이런 일이 일어난다는 설명도 있었다. 19세기까지도 유럽의 정신병원 중에는 환자가 폭력적으로 변하는 것을 막기 위해 달의 모양에 맞춰 치료 행위를 하는 곳도 있었다. 여기서 말하는 치료 행위란 요즘과 달리 비인간적인 행위일 때가 많았다. 이쯤 되면, 어느 쪽이 미치광이인지 모를 지경이다.

현대에 이르러 자살, 사고, 폭력, 살인, 납치, 발작 같은 범죄 또는 질병과 달 사이의 상관관계를 조사하는 연구가 이루어졌다. 그 결과는? 예상했듯이, 어떤 관련성도 찾지 못했다.

과학적 연구 결과도 사람의 정신에 스며들어 있는 정서를 곧바로 없애지는 못한다. 미세먼지가 많은 날이면 달이 불그스름하

우주로 가는 문 달 —

104

게 보일 때가 있는데, 그런 달을 보면 미신을 믿지 않는 사람이라도 기분이 묘하게 좋지 않게 마련이다. 개기월식까지 일어나면 보름달은 벌겋게 보여 더욱 기괴해진다. 이런 달을 서양에서는 '레드문', 즉 붉은 달이라고 부른다. 앞서 언급했듯이 핏빛 달이라는 뜻의 '블러드문'이라고 부르기도 한다.

미국의 목사 존 해기John Hagee는 2014년 4월부터 2년 안에 총 4번 일어나는 개기월식이 《성경》에 나오는 세상의 종말이 일어날 징조라고 주장했다. 근거는 《요엘서》의 "여호와의 크고 두려운 날이 이르기 전에 해가 어두워지고 달이 핏빛같이 변하려니와"와 《요한계시록》의 "내가 보니 여섯째 인을 떼실 때에 큰 지진이 나며 해가 총담같이 검어지고 온 달이 피같이 되며"라는 구절이었다. 결과는 우리 모두 알다시피 거짓이었다. 해기는 책을 많이 팔았지만, 세상은 끝이 나지 않았다. 존 해기의 주장은 과학계뿐만 아니라 같은 기독교인으로부터도 많은 비판을 받았다.

불길한 보름달이 한 달에 두 번이나 뜨는 경우도 있는데, 이때 두 번째 뜨는 달을 '블루문'이라고 한다. 달의 삭망 주기는 29.5일이고, 한 달은 보통 30, 31일이다. 따라서 드물게 한 달에 보름달이 두 번 뜰 수 있다. 원래는 한 계절에 달이 네 번 뜰 때 세 번째 달을 나타내는 말이었지만, 1946년 미국의 잡지 〈스카이 앤 텔레스코프〉에 실린 글에서 한 달에 두 번째 뜨는 보름달로 잘못 해석한 게 널리 퍼져서 지금처럼 변했다.

블루문이라고 해도 실제로 파랗지는 않다. 의미를 따지자면, 불길한 보름달이 한 달에 두 번이나 떠서 '우울하다blue'라는 뜻일 수도 있다. 혹은 어떤 추측처럼 '배신하다'라는 뜻의 옛 영어 단어인 'belewe'가 'blue'와 발음이 같아서 잘못 전해진 것일지도 모른다. 원래는 한 달에 한 번 나와야 할 보름달이 두 번이나 나왔으니까 '배신자 달'이라고 불렀다는 것이다. 어쨌든 좋지 않은 의미라는 데는 변함이 없다.

## 보름달이 뜨면 변신한다

보름달과 관련해 가장 유명한 전설은 늑대인간일 것이다. 평소에는 멀쩡해 보이는 인간인데, 갑자기 온몸에서 털이 돋아나며 늑대로 변하는 괴물. 늑대로 변신하면 이성을 잃고 매우 포악해져서 초인적인 힘으로 사람을 해치고 다닌다. 아침이 되면 다시 사람으로 변하는데, 대개 늑대가 되었을 때의 기억은 잃는다.

늑대인간은 뱀파이어와 함께 소설, 영화에 자주 등장해 우리에게 친숙하다. 다른 말로는 '라이칸스로프lycanthrope'라고도 부른다. 이는 고대 그리스어로 늑대를 뜻하는 'lýkos'와 사람을 뜻하는 'ánthropos'가 합쳐진 단어로, 그리스-로마 신화에 나오는 리카온Lykaon 왕의 이름에서 유래했다.

늑대인간이 등장하는 초기 문헌인 로마 시대의 시인 오비디우스Publius Naso Ovidius가 쓴《변신 이야기》에는 다음과 같은 내용이 담겨 있다. 신들의 왕인 제우스Zeus가 지상에 내려가 인간의 모습을 한 채 리카온 왕을 찾아갔다. 리카온은 찾아온 이가 진짜 신인지 확인하기 위해 식사로 인질 한 명을 죽여 인육을 대접한다. 밤을 틈타 제우스를 죽이려는 시도도 했다. 제우스는 분노하여 리카온의 집을 무너뜨리고 달아나는 리카온을 늑대로 바꾸어놓았다.

그자의 입은 자신으로부터 격정을 그러모았고, 살육하고자 하는 욕구에 그것을 양의 무리를 향해 터뜨렸다. 그리고 지금도 피에 젖어 즐거워하고 있다. 그자의 옷은 털로 변했으며, 팔은 다리가 되었다. 그자는 늑대가 되었지만, 과거 모습의 흔적은 여전히 지니고 있다. 반백의 털도 그대로요, 얼굴의 흉포한 표정도 그대로다. 눈은 예전처럼 빛났고, 광포한 모습도 그대로다.

— 오비디우스,《변신 이야기》

늑대인간 전설은 유럽 곳곳으로 퍼졌고, 지역에 따라 조금씩 내용이 달라졌다. 늑대로 변신하는 방법도 다양하다. 늑대 가죽을 뒤집어쓴다거나 마법을 쓸 수도 있고, 짐승의 발자국에 고인 물을 마시는 방법도 있다.

중세 이후부터 본격적으로 발달한 늑대인간 전설은 교회의 광기 어린 마녀사냥이 시작되면서 비슷한 취급을 받기 시작했다. 늑대인간이라는 의심을 받거나 광기를 보이는 사람이 재판을 받고 처형당하는 일이 생겼다. 지금 우리에게 익숙한, 보름달을 보면 변신하고, 은을 이용한 공격에 약점을 보이는 늑대인간의 특성은 이런 시기를 지나서야 생긴 것이다.

오늘날에는 늑대인간의 전설을 과학적으로 설명하려고 시도하기도 한다. 광견병에 걸린 사람으로부터 늑대인간 전설이 나왔다는

▲ 제우스가 리카온을 늑대로 바꾸는 장면을 묘사한 16세기의 네덜란드 판화가 헨드릭 골치우스의 판화 작품.

설이 그중 하나다. 늑대인간에게 물리면 늑대인간이 된다는 점이 광견병의 전염 과정과 같고, 증상이 비슷해 보이기 때문이다. 선천적 다모증이 있는 사람이 늑대인간 전설의 시작이라는 설도 있다.

# ☽ 달에 가는 꿈

"아빠, 전 달에 가고 싶어요."

내가 말했다.

"그러렴." 아빠는 그렇게 대답하고 다시 책으로 눈을 돌렸다.

"네……. 근데 어떻게요?"

"응?"

아빠가 살짝 놀란 얼굴로 나를 쳐다봤다.

"그거야 네가 해결할 문제지, 클리퍼드."

― 로버트 하인라인, 《우주복 있음, 출장 가능》, 아작, 2016, 11쪽.


사람은 꿈을 꾼다. 세상에서 가장 맛있는 음식을 먹는 꿈, 세계 최고의 축구 선수가 되는 꿈, 하늘을 나는 꿈, 복권에 당첨되는 꿈, 슈퍼히어로가 되는 꿈 등등. 웬만큼 게으른 사람이 아니면 누구나 꿈을 꾸게 마련이니 지구에 살았던 수많은 사람을 생각하면 그중에 달에 가는 꿈을 꾼 사람도 분명히 있었을 것이다. 그런데 언제가 처음이었을까? 지금은 달이 지구와 같은 천체라는 사실을 누구나 알고 있다. 하지만 우주에 관한 지식이 없던 옛날에도 달을 '가볼 수 있는 세계'라고 생각했을까?

누가 처음 그런 생각을 했을지는 알 수 없지만, 기록으로 남아 있는 최초는 서기 2세기에 지금의 터키 지역에서 살았던 루키아노스Lukianos였다. 루키아노스가 쓴 《진짜 이야기》라는 제목의 소설은 바람에 휘말려 달나라로 날아가서 그곳에서 겪는 이야기를 다룬다. 로켓은커녕 비행기도 없었던 시절이라 딱히 과학적인 방법을 이용해 날아가는 건 아니다. 지중해를 항해하던 배가 갑자기 돌풍에 휘말렸는데, 멈추지 않고 며칠 동안 하늘을 날아간다. 8일째 되는 날에 하늘에 떠 있는 빛나는 둥근 모양의 섬 같은 세상에 도착해 육지를 찾아 착륙한다.

처음에는 아무것도 보이지 않았지만, 밤이 되자 다채롭게 빛나는 크고 작은 섬이 나타난다. 그곳에는 지구와 마찬가지로 도시와 강과 숲과 산이 있다. 달이 밤에 밝게 빛난다는 사실은 반영한 묘사일지도 모르겠다. 이곳에서 일행은 자신들과 비슷한 방식으로 날려와 왕이 된 그리스인을 만난다. 이 그리스인은 이 땅이 지상에서 보던 달인 것 같다고 말한다. 그때 달은 '모닝 스타'라는 곳을 차지하기 위해 태양과 전쟁을 벌이고 있었다. 이들은 온갖 괴상한 생물을 타고 전투를 벌인다.

우리가 사연을 털어놓자 그 남자도 우리와 비슷한 자신의 모험담을 이야기하기 시작했다. 엔디미온Endymion이라는 이름의 젊은이였는데, 오래전에 잠을 자는 동안 지상에서 여기까지 오게 돼 이 나라의 왕이 되었노라고. 그리고 지금 서 있는 이 지역이 달인 것 같다고 말했다. 하지만 부족함이 없을 테니 아무것도 걱정할 필요 없다며 즐겁게 지내라고 했다. 지금 태양을 상대로 벌이고 있는 전쟁이 잘 끝나면 자신과 함께 지극히 행복하게 살 수 있을 것이라고 했다.

2000년 전 사람인 루키아노스가 우주여행을 진지하게 생각하고 쓰지는 않았을 것이다. 이 이야기는 당시 사회에 관한 풍자로 보아야 한다는 게 보편적인 해석이다. 제목이 '진실한 이야기'인 것과 반대로 루키아노스는 자신의 이야기가 완전한 허구임을 밝히고 있다. 오늘날의 학자들은 루키아노스가 신화나 전설 속 이야기를 사실처럼 쓰는 당대의 문화를 비꼬고 있다고 본다.

하지만 여기 등장하는 우주여행, 외계생명체, 우주 전쟁은 SF에서 흔히 볼 수 있는 소재다. 이런 내용을 본격적으로 다룬 첫 소설이라는 점에서 이 이야기를 최초의 SF라고 보기도 한다.

## 케플러의 꿈

그 뒤로 기독교 사회였던 중세 유럽에서는 달 여행에 관한 이야기가 나오지 않았다. 완전한 세계인 천상계와 사람이 사는 지상계는 엄격하게 구분이 되어 있었기 때문이다. 그런데 코페르니쿠스Nicolaus Copernicus의 지동설이 등장하고 나서 이런 우주관에서 서서히 균열이 생기기 시작했다.

그리고 마침내 루키아노스로부터 1500년 정도 뒤에 살았던 독일 천문학자 요하네스 케플러Johannes Kepler가 다시 달로 가는 꿈을 꾸었다. 케플러는 유명한 천문학자 튀코 브라헤Tycho Brahe의 제자로, 광학과 천문학에 큰 업적을 남겼다. 지동설을 받아들인 케플러는 지동설과 신학을 조화롭게 융합하려고 했다. 우리에게는 보통 케플러의 행성운동법칙으로 잘 알려져 있다.

### - 케플러의 행성운동법칙 -

1. 행성은 태양을 한 초점으로 하는 타원 궤도를 그리며 공전한다.
2. 행성과 태양을 연결하는 가성의 선분이 같은 시간 동안 쓸고 지나가는 면적은 항상 같다.
3. 행성의 공전 주기의 제곱은 궤도의 긴 반지름의 세제곱에 비례한다.

1608년 케플러는 달 여행을 다룬 소설을 썼고, 케플러 사후인 1634년에 책으로 나왔다. 제목이 《꿈somnium》인데, 말 그대로 케플러가 달 여행에 관한 꿈을 꾸는 내용이다. 이 소설은 케플러의 삶을 많이 반영하고 있다. 주인공인 두라코투스는 아이슬란드 출신으로 나오지만, 케플러와 마찬가지로 튀코 브라헤 밑에서 오랫동안 천문학을 배운다. 아이슬란드 출신으로 설정한 이유는 아이슬란드가 지니는 낭만적인 분위기 때문이라고 한다.

두라코투스가 집으로 돌아오자 어머니인 피올크스힐데는 아들이 천문학에 지식을 쌓은 것을 알고 레바니아(달)로 데려다주겠다고 한다. 그러고는 악마를 소환한다. 악마의 마법으로 두 사람을 달을 향해 떠난다. 마법이라니 저명한 과학자여도 당시로서는 현실적인 방법을 떠올릴 수 없었던 모양이다. 공교롭게도, 현실에서 케플러는 어머니가 마녀로 몰려 체포당하는 바람에 고생을 많이 했다.

달로 가는 방법은 루키아노스 때보다 나아진 게 없어도 달 묘사에 이르면 이야기가 다르다. 루키아노스가 묘사한 달은 신화나 전설과 크게 다를 바 없었지만, 케플러는 나름 과학적으로 충실하게 달을 묘사했다. 내용을 설명하기 위해 정리한 주석의 양은 본문의 4배에 달할 정도다.

케플러는 산꼭대기보다 더 높은 우주에는 공기가 없기 때문에 위험하다고 지적했고, 우주 여행자는 몸이 마르고 가벼운 게 좋다고도 말했다. 또, 중력에 관해서도 서술했다. 지구와 달 사이에 서로 끌어당기는 중력이 작용하고 있는데, 지구를 벗어나 달에 가까이 갈수록 지구의 중력은 약해지고 달의 중력은 강해진다.

달이 가까워서 인력이 강해지게 될 때 그렇다는 것이다. 지구의 일부분이 달과 똑같은 인력을 낸다고 가정한다. 두 천체까지의 거리 비례가 두 천체의 비례와 똑같은 점에 놓인 물체는 움직이지 않는다. 방향이 정반대인 인력이 서로 상쇄하기 때문이다. 어떤 물체의 지구까지의 거리가 58과 1/59이고, 달까지의 거리가 58/59일 경우에 그렇다. 그러나 물체가 달 쪽으로 조금만 더 가까워진다면, 가까운 달의 인력이 더 커져 달 쪽으로 끌려가게 된다.

지구에서 보면 지구는 가만히 있고 달이 하늘에서 움직이는 것처럼 보인다. 케플러는 달에서 보면 달은 가만히 있고 다른 천체가 움직이는 것처럼 보인다고 했다. 태양과 지구, 달, 별의 운동을 고려했을 때 달 표면에서는 어떻게 보이는지 자세하게 설명했던 것이다. 또, 실제와 같이 달은 항상 같은 면을 지구로 향하고 있다. 지

◀ 천문학자이자 점성술사이기도 했던 케플러가 쓴 《꿈》은 자전적인 이야기를 담고 있는 동시에 학문적인 내용을 상세히 담고 있다.

구를 향한 반구를 '서브볼바', 그 반대쪽 반구를 '프리볼바'라고 부른다. 어느 반구에서든 낮과 밤은 각각 14~15일이 된다. 실제로도 달의 하루는 공전주기와 같은 약 29.5일이다.

이 소설은 제목부터 그렇듯 케플러의《꿈》이지만, 사실 케플러는 단순한 재미보다는 학문적인 의미를 담아 썼다. 코페르니쿠스의 지동설을 옹호하기 위해서라는 의도는 명확하게 드러나 있다. 지구에서 볼 때는 지구가 가만히 있고 태양과 달, 별이 움직이는 것처럼 보인다. 케플러는 달에서도 마찬가지라는 이야기를 하고 있다. 달에서 보면 달이 가만히 있고 태양과 별이 하늘에서 움직이는 것처럼 보인다. 즉, 지구에서 천동설을 생각했듯이, 달에서도 달이 우주의 중심인 이론을 만들어낼 수 있다는 것이다. 케플러는 달에서 보면 지구도 지구에서 보는 달처럼 모양이 변한다고 쓰며, 두 경우 다 이유가 같다고 설명했다.

물론 지금의 지식과 다른 내용도 많다. 케플러는 달 표면의 어두운 부분이 바다라고 생각했으며, 양서류 같은 다양한 생물이 살고 있을지도 모른다고 생각했다. 망원경으로 관측했을 때 본 둥근 구덩이가 달에 사는 사람의 활동으로 생겼을지도 모른다고 추측하기도 했다.

케플러 이후 달 여행을 다룬 이야기가 많이 나오기 시작했다. 1638년에는 영국의 주교인 프랜시스 고드윈Francis Godwin이 쓴《달세계 사람》이 나왔다. 쓴 시기는 그 이전으로 보이지만, 책이 나온 것은 고드윈이 세상을 떠난 뒤였다. 고드윈의 이야기는 케플러와 마찬가지로 코페르니쿠스의 지동설을 옹호하면서, 종교적인 색채를 지니고 있었다.

지동설로 인해 지구가 우주의 중심에서 밀려날 위기에 처하면서 지구에 사람이 살고 있다면 다른 곳에서 생명체가 있을지도 모른다는 생각이 퍼지고 있었다. 신학자들은 만약 다른 세계에 생명체가 있다면 그곳에도 그리스도가 내려와 구원을 행했을지 고민했다. 이 이야기의 주인공은 도밍고 곤살레스라는 스페인 사람으로, 결투에서 사람을 죽인 뒤 나라 밖으로 도망친다. 우여곡절 끝에 새를 이용해 하늘을 나는 방법을 알아낸 곤살레스는 달까지 여행하고, 그곳에서 기독교인이 사는 유토피아를 발견한다.

## 최초의 로켓 이야기

고드윈의 영향을 받은 프랑스의 작가 시라노 드 베르주라크 Cyrano de Bergerac도 달 여행을 다룬 소설 《달 세계 국가와 제국에 관한 우스운 역사》를 썼다. 여기에는 고드윈의 '달 세계 사람'의 주인공이었던 도밍고 곤살레스도 등장한다. 흥미로운 점은 베르주라크가 묘사한 달 여행 방법이다. 소설의 화자는 폭발물을 이용해 하늘로 솟아올라 달까지 비행한다. 의도한 바는 아니었지만.

그러는 동안 나는 오랫동안 그것(비행기계)을 찾아다녔다. 드디어 퀘벡의 시장에서 발견했는데, 마침 병사들이 (폭죽에) 불을 붙이려던 참이었다. 나는 내 작품이 위험에 처한 것을 보고 기분이 아주 좋지 않아서 달려가 병사의 손에서 성냥을 빼앗았다. 그리고 화를 내며 내가 만든 기계에 올라타 병사들이 붙여둔 폭죽을 떼어 내려고 했다. 하지만 이미 늦은 뒤였다. 두 발을 다 들여놓기도 전에 갑자기 나는 구름 위로 솟아오르고 있었다.

지금까지 마법이나 바람, 새처럼 공상에 가까운 방법을 이용했던 것과는 사뭇 다른 방식이다. 영국 SF작가 아서 클라크 Arthur

▲ 베르주라크의 소설의 한 삽화.

Charles Clarke는 이 작품이 최초로 로켓을 이용한 우주여행을 묘사한 소설이라고 인정했다.

폭발을 이용한 달 여행은 19세기에 다시 등장한다. 프랑스의 작가 쥘 베른Jules Verne은 1865년에 발표한《지구에서 달까지》라는 소설에서 '볼티모어 대포 클럽'이라는 무기 '덕후'들을 등장시킨다. 미국 남북전쟁이 끝나고 할 일이 없어지자 이들은 무엇을 해야 할지 갈팡질팡하다가 거대한 대포를 만들어 사람을 태운 대포알을 달까지 쏘아 보내겠다는 계획을 세운다. 실행하기까지는 여러 가지 문제를 해결해야 하지만, 결국 대포알을 발사하는 데 성공한다.

황당한 계획처럼 들리지만, 무작정 달을 조준하고 쏘는 건 아니다. 베른은 나름대로 엄밀하게 이론을 바탕으로 계획을 세운다. 대포알을 얼마나 되는 속도로 쏘아야 하는지, 달까지의 거리는 얼마인지, 달이 어느 위치에 있을 때 발사해야 하는지, 어디에서 발사해야 하는지를 가능한 합리적으로 판단했다. 물론 실제로 그런 대포를 만들어 쐈다면 탑승자는 엄청난 가속력 때문에 발사 즉시 죽었을 것이다.

대포알을 쏴서 달로 간다는 이야기는 익숙하게 들릴 텐데, 아마도 조르주 멜리에스Georges Melies가 이 소설에서 아이디어를 만든 영화 〈달 세계 여행〉의 한 장면 때문일 것이다. 대포알이 눈에 박혀서 얼굴을 찡그리는 달의 모습은 누구나 한 번쯤은 봤을 유명한 장면이다. 최초의 SF영화이기도 한 이 영화는 세계적으로 큰 인기를 끌었으며, 요즘처럼 불법 복제 때문에 골치를 앓기도 했다. 내용은 달 세계 여행과 다소 다르다. 멜리에스의 영화는 바로 이어 설명할

▲ 영어로 출판된《지구에서 달까지》의 표지.

영국의 작가 허버트 조지 웰스Herbert George Wells의《달 최초의 인간》
의 내용을 가져와 주인공 일행이 달에 착륙해 기묘한 식물, 희한한
달 주민과 만나는 이야기를 담았다. 결국, 주인공 일행은 달 세계
의 왕에게 끌려갔다가 탈출해 지구로 돌아온다.

　웰스의《달 최초의 인간》에서 달로 향하는 방법은 '카보라이트'
라는 가상의 물질이다. 카보라이트는 중력을 차단하는 성질이 있
다. 카보라이트를 넓게 펼쳐 놓으면 그 위에 있는 공기는 지구 중력
의 영향을 받지 않아 우주로 날아가 버린다. 카보라이트를 개발한
카보 박사는 창문이 있는 둥근 방을 만들고 카보라이트로 만든 커
튼을 친 우주선을 만든다. 지구를 향하고 있는 방향에 카보라이트
를 치면 지구의 중력은 영향을 끼치지 못하고 우주선은 달에 이끌
려간다. 지구와 달 방향으로 카보라이트를 적절히 치거나 걷으면

▲ 조르주 멜리에스의 〈달 세계 여행〉의 유명한 장면.

▲ 일행은 달에서 달의 왕에게 붙잡혀 갔다가 탈출한다.

우주선의 속도를 조절할 수 있다.

20세기 들어서자 우주여행에 관한 진지한 연구가 이루어지기 시작했다. 베른과 웰스의 작품이 공학자와 과학자에게 영향을 끼친 것은 물론이다. 러시아의 로켓공학자 콘스탄틴 치올콥스키 Konstantin Tsiolkovsky는 1903년 '로켓 장치를 이용한 우주여행'이라는 논문을 발표했다. 이 논문에서 치올콥스키는 지구를 도는 궤도로 올라가기 위해서는 초속 8km가 필요하며, 이 속도는 액체 산소와 액체 수소를 이용한 다단계 로켓으로 낼 수 있다고 주장했다.

미국의 공학자 로버트 고다드 Robert Goddard는 1926년 최초로 액체 연료 로켓을 발사하는 데 성공했다. 이후 10년 가까이 수십 개를 쏘아 올리며 상공 2.6km까지 올리는 데 성공했다. 이후 제2차 세계대전을 거치며 로켓 기술은 크게 발전했다. 독일의 로켓공학자인 베르너 폰 브라운은 군사용 로켓을 연구했고, 영국을 공격하기 위한 로켓 V-2를 개발했다. 전쟁이 끝난 뒤 폰 브라운은 미국으로 이주해 NASA에서 일하며 아폴로 계획에 참여했다.

기술 발전에 따라 달로 가는 꿈도 점점 현실적이고 구체적이 되어갔다. 아서 클라크는 1951년 《우주로의 전주곡》이라는 소설을 발표했다. 인류 최초로 유인 달 탐사선을 보내는 과정을 그렸는데, 소설이라기보다 논픽션이라고 해도 될 정도로 줄거리 전개보다는 로켓 발사와 달 탐사에 필요한 기술 묘사가 큰 비중을 차지하고 있다.

이 소설에서 달로 향하는 최초의 우주선은 프로메테우스 호로, 알파와 베타라는 두 부분으로 나뉘어 있다. 알파는 지구를 떠나 달에 다녀오는 역할을 하고, 베타는 알파를 지상에서 우주로 옮겨주

◀ 웰스는 《달 최초의 인간》, 《우주 전쟁》 같은 작품을 남긴 SF작가였을 뿐 아니라 사회와 역사 같은 다양한 분야에 관심이 많은 문명 비평가였다.

는 역할을 한다. 베타가 알파를 싣고 지구 궤도에 오르면, 분리된 알파는 달을 향해 떠난다. 귀환할 때는 승무원이 베타로 옮겨타고 지구에 착륙하며, 알파는 다음 탐사를 위해 우주에 머무른다.

클라크가 이 책을 실제 집필한 시기는 1947년이었다. 아폴로 11호의 달 착륙보다 20년 이상 앞서 쓴 내용인데도, 기술 묘사가 구체적인 데다가 아폴로 11호가 달에 간 실제 방식과도 비슷한 점이 많다. 돛단배가 돌풍에 휘말려 달에 간 지 약 1700년이 지나서 달을 탐사하겠다는 꿈은 마침내 현실적인 목표가 되기 시작했다. 이야기의 본편은 이 모든 과정을 기록하는 임무를 맡았던 역사학자 더크 알렉슨이 달로 떠나는 우주선을 바라보며 끝이 나지만, 에피소드에서는 이미 달에 진출한 인류의 미래를 그리고 있다.

세상은 빛나는 해돋이를 향해 나아가고 있다. 500년 만에 르네상스가 다시 찾아왔다. 달의 긴 밤이 끝나는 것을 알리며 아펜니노 산맥 위로 떠오를 태양 빛도 이제 막 시작된 새로운 시대보다는 밝지 않을 것이다.

## 달에는 '누가' 살까? 혹은 누가 '살'까?

최초로 달을 다룬 소설을 쓴 루키아노스는 다양한 동물을 묘사했는데, 대개 그리스 신화에 나올 법한 괴물 같다. 달에서 말 대신 타고 다니는 히포지피언은 머리가 세 개 달린 독수리로, 깃털 하나가 돛대보다 길다. 거대한 벼룩, 개미를 닮고 날개가 있는 거대 괴수, 개의 얼굴을 한 사람 등이 등장하는 전투에서 주인공 일행은 태양 측에 포로로 붙잡힌다.

평화 협정이 맺어진 뒤 다시 달로 돌아오자 달의 왕 엔디미온이 직접 나와 눈물로 맞이하며 달에서 함께 살자고 제안한다. 심지어 결혼 상대로 자신의 아들을 내주겠다고까지 한다. 아들? 가만 있자. 주인공이자 화자로 직접 등장하는 루키아노스도 남자인데?

이어 루키아노스는 달에서 머물며 보고 들은 달 사회의 기이한 특징을 늘어놓는다. 이곳 사람은 여성의 존재를 전혀 모른다. 따라서 남성끼리 결혼하고, 아이도 남성끼리 낳는다. 아이는 배가 아닌 다리에서 태어난다. 임신하면 다리가 부풀어 오르고, 때가 되면 다리를 째고 아이를 꺼낸다. 아이는 죽은 채로 태어나지만, 입을 벌려 바람을 맞게 해주면 살아난다.

더 특이하게 태어나는 사람도 있다. 오른쪽 고환을 잘라 땅에

심으면 살로 이루어진 커다란 나무가 자라난다. 이 나무에 열매가 맺히는데, 잘 익은 뒤에 수확해서 자르면 그 안에서 사람이 나온다. 나이가 많아지면 그냥 죽는 게 아니라 연기처럼 분해되어 허공에 흩어진다.

루키아노스가 그린 달의 생명체와 사회는 달에 관한 당시의 지식을 바탕으로 추론한 논리적인 귀결이라기보다는 단순히 환상적이고 기묘한 이야기다. 앞서 이야기했듯이, 달에 관한 진지한 탐구라기보다는 풍자를 목적으로 쓴 글이기 때문이다.

베르주라크의 묘사도 크게 다르지 않다. '달 세계 국가와 제국에 관한 우스운 역사'에서 달로 간 주인공은 에덴의 동산을 발견하고, 아담과 이브를 만난다. 그 뒤에는 달에 사는 사람을 만나는데, 이들은 네 다리로 걷는다. 이들은 주인공을 과연 사람으로 인정해야 할지 고민하기도 한다.

> 그럼에도 내가 무엇인지 결정하는 문제는 마을을 둘로 나누었다…(중략)…그들은 만장일치로 내가 사람이 아니라 일종의 타조라는 결론을 내렸다. 내가 두 다리로 걷고, 고개를 꼿꼿이 세우고 있다는 것이다…(중략)…따라서 새 관리인에게 나를 우리로 데려가라는 명령을 내렸다.

"만약 외계인이 있다면 우리를 어떻게 생각할까?"라는 훗날 많은 SF 작품에서 되풀이될 의문을 엿볼 수 있는 대목이다. 루키아노스와 마찬가지로 베르주라크도 달을 사람이 그냥 건너가 살 수 있는 곳으로 그렸다. 물론 그 당시에 그러지 않으면 이야기가 되지 않았을 테니까. 달 세계의 언어, 화폐, 장례 문화 같은 여러 가지 생활상을 다루고 있는데, 대부분은 과학적인 묘사가 아닌 우화다.

베른은 이들 선배보다 과학적인 모양을 갖추는 데 애를 많이 쓴 작가다.《지구에서 달까지》에서 달로 가는 방법을 설명한 뒤, 달 여행에 나선 주인공들이 겪는 모험을 다룬 후속작《달나라 탐험》을 썼다. 이들은 달에 착륙하지는 못하지만, 달 근처를 돌아가며 지형과 특징을 자세히 관찰한다.

베른은 지구처럼 달에도 바다와 대륙, 섬이 있는 것으로 묘사한다. 하지만 옛날에 바다를 덮고 있던 물은 사라지고 지금은 드넓은 평원이 되어 있다. 풍화 작용을 일으키는 물과 공기가 없으므로 달의 지형은 과거와 똑같은 상태를 유지하고 있다. 과거에 화산 활동으로 인해 생긴 분화구도 그대로 남아 있다. 분화구가 사람의 손으로 만든 것이라는 케플러의 견해도 언급한다. 또, 달의 중력이 지

◀《해저 2만리》,《80일간의 세계일주》,《지구 속 여행》 같은 수많은 SF와 모험 소설을 쓴 쥘 베른.

구의 6분의 1이라는 내용도 나온다. 지금의 지식으로 보아도 옳은 내용이 상당하다.

각자 생각이 다른 이들은 달의 생명체를 두고도 논쟁을 벌인다. 달 표면의 어떤 지형을 보고 경작지라는 의견, 단순한 홈이라는 의견, 식물의 작용이라는 의견 등을 주고받는다. 생명채의 존재를 암시하는 물의 흔적을 발견하고 문명의 자취를 유심히 찾아보기도 한다. 이들의 대화를 듣고 있으면 당시 사람들이 달에 관해 알고 있던 지식의 단편을 살필 수 있다.

《달나라 탐험》에서 볼 수 있듯이 19세기에는 이미 달 관측이 많이 이루어졌고, 달에 생명체가 살고 있다는 생각은 상당히 옅어졌다. 그럼에도 웰스는《달 최초의 인간》에서 사회를 이루고 사는 달의 원주민, 셀레나이트를 등장시켰다. 과학적인 묘사라기보다는 사회 비평을 즐겨 하던 웰스가 활용한 문학적 장치였다. 셀레나이트는 거대 곤충 같이 생긴 외계인으로 달 지하에서 복잡한 사회를 이루며 살고 있다. 주인공 일행은 지구로 돌아가기 위해 셀레나이트와 힘겹게 싸운다. 웰스의 셀레나이트는 곤충과 같은 생물이 진화한 것으로, 인간을 위협하는 존재로 등장한다는 점에서 기존의 다른 작품 속의 달 생명체와 다르다.

## 달은 시작이다

달이 생명체가 없는 불모의 땅이라는 사실이 명확해지면서 상상력도 방향을 바꾸었다. 달이 어떤 세계일지, 어떤 존재가 살고 있을지가 아니라 사람이 달에 가서 살 수 있을지를 고민했다. 달은 지구에서 가장 가까운 외부 천체이기 때문에 언젠가 사람이 우주로 진출한다면 첫 번째 목적지는 달이 될 게 분명했다.

《우주로의 전주곡》에서 달로 사람을 보낼 수 있는 현실적인 방법을 제안했던 클라크는 여러 소설에서 달에 진출한 인류를 묘사했다. 1961년 작인 《달 먼지 속으로》는 달의 아주 고운 흙으로 덮인 먼지 바다를 구경하던 관광객이 탄 차량이 구덩이 속으로 가라앉으면서 생기는 구조 작업을 다루었다. 1993년 작인 《신의 망치》에서는 주인공이 대학 시절을 보내는 달 개척지를 그리며, 월면 마라톤이라는 새로운 스포츠를 만들었다. 첨단 우주복 기술과 저중력 달리기 기법이 필요한 신종 우주 스포츠인 셈이다.

로버트 하인라인Robert A. Heinlein이 1966년 발표한 소설 《달은 무자비한 밤의 여왕》은 2075년이 배경으로, 달이 지구의 식민지인 세상이다. 달에 사는 사람은 범죄자나 망명자, 그리고 이들의 후손이다. 호주 개척 초기에 영국이 범죄자를 보냈던 것과 마찬가지다. 달 주민이 인공지능 컴퓨터와 함께 지구의 지배에 반기를 드는 혁명을 일으킨다는 내용이다. 실제로 달을 개척하고 사람이 이주해 살게 된다면 이와 같은 정치적인 문제도 얼마든지 생길 수 있다.

영화로도 나온 SF소설 《마션》의 작가인 앤디 위어Andy Weir는

2017년 달의 도시에서 벌어지는 미스터리 사건을 다룬 소설 《아르테미스》를 내놓았다. 이야기도 이야기지만, 달에 사람이 살기 위한 여러 가지 시설 묘사가 볼만하다. 안전한 공간을 만들기 위한 돔의 구조, 산소와 물을 공급하는 시스템 등 미래에 생길지도 모를 달 개척지의 모습을 미리 엿볼 수 있다.

외계인이 달을 진보의 기준으로 상정한 이야기를 하나 살펴보자. 클라크의 단편소설 《파수병》은 달에 진출한 인류가 인공구조물을 발견하면서 시작되는 이야기다. 사실 이 인공구조물은 아주 오래전에 지구를 방문했던 외계인이 남겨둔 것으로, 지구의 지성체가 얼마나 발전했는지를 알려주는 지표다. 지구에서 우주여행을 할 수 있을 정도로 발전한 종족이 나타난다면, 달에 남겨둔 구조물을 발견할 수 있을 것이다. 지구의 지성체가 구조물을 조사하면, 구조물은 이를 인식해 원래의 주인에게 신호를 보내 지구에 지성체가 발달했음을 알린다.

이제 왜 지구가 아닌 달에 이 수정 피라미드를 설치했는지 이해할 수 있었다. 그들은 야만에서 벗어나기 위해 몸부림치는 종족에게는 아무런 관심도 없었을 것이다. 살아남을 능력을 가지고 있다는 것을 보여 주어야만, 우주를 가로질러 요람인 지구를 탈출할 수 있어야만, 그제야 우리 문명에 관심을 보일 것이었다.

— 아서 클라크, 《아서 클라크 단편 전집 1950-1953》, 황금가지, 2011, 179쪽

이를 바탕으로 클라크와 영화감독 스탠리 쿠브릭이 만든 걸작 SF가 바로 영화와 소설로 나온《2001 스페이스 오디세이》다. 후속으로 나온 소설 3편을 합한 스페이스 오디세이 시리즈는 우주로 향하는 인류의 미래에 관한 경이로운 전망을 보여준다. 그리고 그 시작을 알리는 척도는 바로 달이다.

## Part 3

# 달 탐험의
# 역사와 미래

# 달의
# 정체를 찾아

일식을 예측해 전쟁을 멈췄다는 일화가 있는 탈레스Thales는 흔히 최초의 과학자로 꼽히는 인물이다. 그런 탈레스도 이전 시대의 지식에 영향을 받았던 것은 분명하다. 달의 모양과 떠오르는 시각이 주기적으로 변한다는 사실은 선사시대 사람들도 어렵지 않게 알 수 있었을 것이다. 기원전 1만 5000년경의 그림인 프랑스의 라스코 동굴벽화에서 볼 수 있는 일련의 반점이 달의 주기를 나타낸다는 의견도 있고, 그보다 더 과거인 기원전 2만 7000년경의 뼈로 만든 유물에 있는 기호가 달의 모양 변화를 나타낸다는 주장도 있다.

## 고대의 천문학

지금까지 남아 있는 기록에 따르면 천문 현상을 신기하게 바라보는 데 그치지 않고 체계적으로 연구한 이름 모를 최초의 천문학자는 고대 바빌로니아에 있었다. 물론 어떤 한 사람을 말하는 게 아니다. 바빌로니아인은 오랫동안 하늘을 꾸준히 관찰하며 점토판에 상세한 기록을 남겼다. 물론 실제로 달을 관측하기 시작한 건 점토판에 기록을 남기기 시작한 시기보다 훨씬 전이었을 것이다.

초기 점토판에서 찾을 수 있는 천문 기록은 달이 뜨는 시각, 초승달이 처음 뜨는 날과 같은 내용이었다. 초승달이 처음 뜨는 시각은 한 달의 길이를 알아내는 데 아주 중요했다. 초승달이 나타나는 순간은 달이 태양과 아주 가까워서 맨눈으로 포착하기 어렵다. 바빌로니아인은 달의 길이를 측정하고 주기를 계산해내는 힘든 과정을 거쳐 천문 이론을 만들었다.

덕분에 이들은 일식과 월식을 예측할 수 있었다. 오랜 기간 관측하면서 남긴 기록을 토대로 이런 일이 일정한 주기에 따라 일어난다는 사실을 알아챌 수 있었다. 지금처럼 태양계의 모형을 이용

◀ 바빌로니아인의 천문 관측 기록이 담겨 있는 점토판. 주요 별의 위치, 달이 지나는 길에 있는 별의 목록, 1년에 달이 열세 달이 필요할 때를 설명하는 규칙 등이 담겨 있다.

해 수학적으로 천문 현상을 정확히 예측하는 수준은 아니었지만, 대략 언제쯤 일어난다는 건 알 수 있었다. 탈레스가 일식을 예측했다는 일화가 사실이라면, 탈레스 역시 바빌로니아인의 지식을 이용했을 가능성이 크다.

바빌로니아인이 일식과 월식을 예측하는 데 이용한 주기는 사로스 주기Saros cycle로, 약 223삭망월에 해당한다. 223삭망월이 지나면 태양과 지구, 달의 위치는 다시 비슷한 위치에 온다. 일식이 일어났다면, 223삭망월 뒤에 다시 일식이 일어날 가능성이 큰 것이다. 사로스 주기를 환산하면 18년 11일 8시간인데, 하루 단위로 딱 떨어지지 않고 남아 있는 8시간 때문에 일식을 볼 수 있는 장소가 매번 바뀐다. 지구가 8시간만큼 더 자전하기 때문이다.

비슷한 시기에 고대 중국도 천문 현상을 관측하고 기록하는 데 노력을 기울였다. 마찬가지로 주기를 활용해 일식과 월식을 예측하고, 하루와 일 년의 길이를 측정하며 달력을 만들었다. 중앙아메리카의 마야 문명도 바빌로니아나 중국보다 늦지만, 하늘을 관측하고 독자적으로 천문학을 발전시켰다. 마야 인의 기록에서도 달에 관한 내용을 찾을 수 있다.

## 고대 그리스의 우주 모형

처음으로 과학이 꽃핀 고대 그리스에 이르면 이전과 달리 우주를 모형으로 나타내려는 시도가 등장한다. 단순히 현상을 관측하며 언제 어떤 일이 벌어질지를 예측하는 것을 넘어 우주가 어떤 모양이며 어떻게 움직이기에 이런 현상이 생기는지를 고민했다. 우주가 움직이는 원동력을 논리로 설명하려고 시도했다는 점에서도 신화와는 확연한 차이를 보였다.

만물의 근원이 물이라고 생각했던 밀레투스학파의 탈레스는 지구가 물 위에 떠 있다고 생각했다. 탈레스의 제자였던 아낙시만드로스Anaximandros는 지구가 어떤 것의 지탱도 받지 않고 우주의 중심에 있다고 했다. 별과 달, 태양은 지구로부터 서로 각각 다른 거리에 떨어져 있었다고 생각했는데, 서로 다른 천체의 거리가 서로 다르다고 생각한 것은 아낙시만드로스가 처음이다. 아낙시만드로스의 우주관은 최초의 기계적인 우주 모형으로 평가받고 있다.

아낙시만드로스에 따르면 지구는 지름이 높이의 3배인 원통 모양이다. 이 원통의 평평한 윗면이 바로 사람이 사는 세상이다. 세상 주위는 온통 바다로 둘러싸여 있다. 그리고 지구를 중심으로 불로 채워진 바퀴 모양의 구조물이 차례로 놓여 있다. 첫 번째 바퀴는 별로 지구 지름의 9배만큼 떨어져 있고, 차례로 달과 태양의 바퀴가 각각 지구 지름의 18배, 27배 거리에 놓여 있다. 지구를 중심으로 한 동심원을 떠올리면 된다. 이 바퀴에는 구멍이 뚫려 있어서 지구에서는 이 구멍을 통해 달이나 태양을 볼 수 있다. 달의 바퀴에 뚫린 구멍은 모양이 바뀔 수 있다. 달의 모양이 변하는 까닭이다.

우리가 보기에 더 그럴듯해 보이는 설명은 이오니아학파의 아낙사고라스Anaxagoras에게서 나왔다. 기원전 5세기에 살았던 아낙사고라스는 태양과 달이 둥글고 거대한 바위라고 생각했다. 태양은 커다란 불덩어리로, 달은 태양 빛을 반사해서 빛을 낸다고 생각했다. 반대로 지구는 평평하며 아래쪽에서 공기가 떠받치고 있다고 여겼다. 일식은 달에 의해서 일어나고, 월식은 지구의 그림자 때문에 생긴다고 주장했다. 아낙사고라스는 일식과 월식이 기본 원리를 처음으로 옳게 설명한 사람이다. 그러나 아테네에서 이는 불경한 주장이었고, 결국 추방당하고 말았다.

## 수학적인 우주의 등장

기원전 4세기에는 우주의 구조와 천체의 움직임을 수학적으로 설명하려는 시도가 나타났다. 서양 철학에 지대한 영향을 끼친 플라톤Plato은 불과 공기, 물, 흙의 4원소가 가장 간단한 입체도형이라고 주장했다. 불은 정사면체, 공기는 정팔면체, 물은 정이십면체, 흙은 정육면체다. 또, 우주에는 제5원소가 있다. 천체의 움직임도 마찬가지였다. 플라톤은 행성 같은 천체가 가장 완전한 도형인 원을 그리며 움직인다고 생각했다.

플라톤의 동시대 사람인 에우독소스Eudoxos는 태양, 달, 행성의 움직임을 설명하기 위해 천구라는 개념을 가져왔다. 지구가 중심에 있고, 그 주위를 천구가 둘러싸고 있는 것이다. 달, 태양, 수성, 금성, 화성, 목성, 토성이 이런 천구에 고정되어 있다. 천체의 움직임은 천구가 회전하는 것으로 설명했다. 에우독소스는 천구 27개를 이용해 천체의 여러 운동을 설명했다. 별에는 천구 1개, 태양과 달에 각각 3개, 다섯 행성에 각각 4개를 할당했다. 천체는 가장 안쪽의 천구에 박혀 있었고, 안쪽 천구의 회전축은 바깥쪽 천구에 달

◀ 르네상스 시대 이탈리아의 화가 라
파엘로가 그린 〈아테네 학당〉에 등
장한 플라톤과 아리스토텔레스.

려 있었다. 이런 천구는 제각기 다른 속도로 일정하게 회전하며 천
체의 복잡한 움직임을 만들어 냈다.

플라톤과 에우독소스가 이런 천구를 수학적인 개념으로 생각
했던 반면, 아리스토텔레스Aristoteles는 천구가 실제로 있는 물체라
고 보았다. 또, 지구가 둥글며 우주의 중심에 있다고 생각했다. 아
리스토텔레스의 물질 이론에 따르면 모든 물질은 자신의 원래 위
치로 돌아가려는 속성을 지니고 있었다. 흙 같은 무거운 물질은 자
연스럽게 아래쪽, 즉 우주의 중심으로 가려는 성질을 가지므로 지
구는 우주의 중심일 수밖에 없었다. 그리고 지구가 있는 지상계와
달부터 시작하는 천상계는 엄연히 달랐다. 지상계는 완전하고 불
변이며, 천상계는 불완전하고 변화했다. 지상에서는 시작과 끝이
있는 직선 운동이 나타났고, 천상계에서는 시작도 끝도 없는 완전
한 원운동이 일어났다.

▲ 고대 천문학을 집대성한
프톨레마이오스.

기원전 3세기의 아폴로니오스Apollonios는 행성의 역행(한동안 하늘에서 이동 방향이 반대가 되는 현상)과 달이 움직이는 속도의 변화 같은 현상을 설명하기 위해 주전원 이론을 만들었다. 행성이 큰 원을 따라 움직일 뿐만 아니라 그 위에서 작은 원을 따라 움직인다는 것이다. 이때 작은 원을 주전원이라고 한다.

이와 같은 우주 이론은 히파르코스Hipparchos를 거쳐 프톨레마이오스Ptolemy에 이르며 점차 확고해졌다. 프톨레마이오스가 쓴《알마게스트》는 아리스토텔레스의 우주관을 확고히 만들어주었고, 이는 중세 유럽을 지배했던 천동설의 근간이 되었다.

## 지구와 달, 태양의 크기와 거리

태양과 달을 어떤 현상으로서가 아니라 실체로 본다면 당연히 우리로부터 얼마나 멀리 떨어져 있는지, 얼마나 큰지가 궁금하지 않을 수 없다. 고대 그리스 철학자 중에도 영리한 방법을 고안해 이를 알아보려 한 사람이 있었다.

에라토스테네스Eratosthenes의 일화가 가장 유명하다. 기원전 3세기에 살았던 에라토스테네스는 이집트의 시에네에서 하짓날 정오에 땅에 막대기를 수직으로 세우면 그림자가 생기지 않는다는 사실을 알았다. 태양이 하늘 꼭대기 정중앙에 있기 때문이었다.

그런데 멀리 떨어진 알렉산드리아에서는 같은 날 같은 시각에 막대기를 수직으로 세우면 그림자가 졌다. 태양 빛이 비스듬하게 들어오기 때문이다. 에라토스테네스는 태양 빛의 각도와 시에네와 알렉산드리아 사이의 거리를 이용해 지구의 둘레를 계산했다.

기원전 2세기~기원전 1세기의 포세이도니오스Posidonius도 비슷한 방법으로 지구의 둘레를 계산했다. 별을 이용했지만, 기본 원리는 같다. 알렉산드리아의 북쪽에는 로도스라는 섬이 있다. 로도스에서 보면 카노푸스라는 별이 지평선상에서 보이는데, 카노푸스가 알렉산드리아에서 떠오를 때 고도를 측정한다. 그러면 로도스와 알렉산드리아 사이의 거리가 지구 둘레의 몇 분의 1에 해당하는지 계산할 수 있다.

기원전 3세기에 지구가 태양 주위를 도는 지동설을 주장했던 아리스타르코스Aristarchos는 태양과 달의 크기와 거리를 계산했다.

먼저 달이 반달일 때 지구에서 보는 태양과 달 사이의 각도를 측정해 삼각법으로 지구에서 태양까지의 거리를 구했다. 아리스타르코스가 구한 각도는 87도로, 계산에 따르면 지구와 태양 사이의 거리는 지구와 달 사이의 거리의 18~20배였다. 지구에서 볼 때 태양과 달의 겉보기 크기는 거의 비슷하므로 크기는 거리에 비례해야 했다. 따라서 태양의 크기는 달의 18~20배라는 결론이었다.

## 아랍의 역할

로마 제국이 쇠퇴하면서 그리스 과학의 전통을 유럽에서 찾아보기는 어려워졌다. 그리스 천문학 역시 프톨레마이오스를 마지막으로 종말을 맞았다. 이를 이어받은 것은 아랍의 천문학자였다. 아랍은 일찍이 헬레니즘 문명의 영향을 받아 그리스 문화와 언어를 받아들이고 있었다. 프톨레마이오스 천문학도 아랍에 들어와 더욱 체계적으로 발전했다. 아랍의 천문학은 달에 관한 이론을 개선하는 데도 공헌했다. 음력을 쓰는 이슬람교에서는 기도하는 시간을 정하기 위해 달의 움직임에 관한 지식이 필요했다.

8~9세기에 바그다드에서 활동했던 하바시 알아십 알 마와지 Habash al-Hasib al-Marwazi는 오랫동안 천체를 관측하며 여러 가지 값을 측정했다. 달 역시 관심을 갖고 관측했고, 그 결과 달의 지름을 약 3000킬로미터로 계산했다. 가장 멀 때 달까지의 거리는 약 34만 킬로미터였다. 오늘날 알고 있는 수치보다 조금 작지만, 상당히 정확하다.

'아랍의 프톨레마이오스'라고 불리기도 하는 알 바타니Al Battani
는 중세 이슬람 최고의 천문학자로 평가받고 있다. 태양과 달의 운
동을 세밀하게 측정해 1년의 길이를 측정했다. 알 바타니가 알아
낸 1년의 길이는 365년 5시간 46분 24초로 오늘날과 비교하면 오
차가 2분 22초밖에 되지 않는다.

10~11세기에 물리학, 천문학, 수학, 광학 등 수많은 분야에 대
단한 업적을 남긴 이븐 알하이삼Ibn al-Haytham은 《달빛에 관하여》와
《달 표면에서 보이는 무늬의 성질에 관하여》라는 책에서 달에 관
해 다뤘다. 달 착시에 관해 의견을 남기기도 했다. 달 착시란 달이
하늘 높이 떠 있을 때보다 지평선에 가까울 때 더 크게 보이는 현
상이다. 프톨레마이오스는 달 착시가 빛이 대기에서 굴절되기 때
문이라고 설명했지만, 알하이삼은 달이 실제로 큰 게 아니라 우리
가 그렇게 받아들이기 때문일 수도 있다고 썼다.

이슬람의 과학은 수백 년 동안 활발히 이루어지다가 서서히 쇠
퇴했다. 하지만 여기서 보존하고 발전시켰던 그리스 과학은 다시
유럽으로 밀려 들어갔다. 한때 이슬람 세력이 점령하고 있었던 스
페인에서는 아랍어 문헌을 라틴어로 번역하는 작업이 활발하게
이루어졌다.

## 코페르니쿠스의 천문학 혁명

천문학에 관해 아무것도 모르는 채로 하늘을 본다고 생각해보
자. 땅 위에 가만히 서서 보면 태양은 동쪽 지평선 아래에서 떠올

라 하늘을 가로지른 뒤 서쪽 지평선 아래로 내려간다. 달도 마찬가지다. 사전지식도 없고 특별히 연구해본 적도 없는 이상 웬만한 사람은 태양과 달이 '움직인다'고 생각할 것이다. 하늘에서 왔다 갔다 하는 조그만 원반 대신에 발을 디디고 있는 땅이 움직인다고 생각하기는 어렵다.

천문학이 발전하면서 우주와 천체에 관해 더 많이 알게 되었음에도 이런 자기중심적인 사고는 오랫동안 굳건히 자리 잡고 있었다. 프톨레마이오스의 천문학에서 말하는 우주 구조에 따르면 우주의 중심에는 지구가 있다. 그리고 안쪽부터 바깥쪽으로 달, 수성, 금성, 태양, 화성, 목성, 토성이 순서대로 돌고 있고, 가장 바깥쪽에는 별이 있다. 별이 있는 천구는 행성과 반대 방향으로 돈다.

밤하늘을 자세히 관찰할수록 이 우주 구조로는 설명하기 어려운 점이 몇몇 있었다. 예를 들어, 수성과 금성의 움직임이 그랬다. 프톨레마이오스의 우주 구조에서는 지구에서 볼 때 수성이나 금성이 태양과 정반대의 위치에 있을 수 있다. 그런데 실제로 수성이나 금성을 관찰하면 절대 태양으로부터 일정한 거리 이상으로 멀어지지 않는다. 행성의 역행도 문제였다. 화성 같은 행성의 움직임을 관찰하면 어느 시기에 갑자기 방향이 바뀌는 모습이 보인다. 프톨레마이오스는 주전원을 이용해 이런 문제를 설명했다. 그러기 위해서는 복잡한 가정을 덧붙여야 했다.

1473년 폴란드에서 태어난 니콜라우스 코페르니쿠스Nicolaus Copernicus는 이런 문제를 해결하기 위해 프톨레마이오스의 우주 구조를 살짝 바꿨다. 태양과 지구의 위치를 바꾸고, 달이 지구 주위를

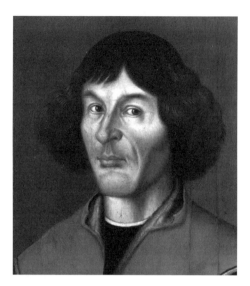

▲ 지동설을 주장한 코페르니쿠스.

돌게 했다. 또, 별이 있는 천구의 회전을 없애고 그 대신 지구가 자
전하게 만들었다. 1543년 출판한 《천구의 회전에 관하여》는 지동
설이 천문 현상을 합리적으로 설명할 수 있다는 내용을 담고 있다.

코페르니쿠스의 우주 구조는 전보다 더 간단하고 명료했지만,
천구의 존재와 천체의 원운동을 고수한다거나 주전원을 사용하는
등 프톨레마이오스의 우주 구조와 크게 다르지는 않았다. 천체의
움직임에 관한 실제 수치를 계산하는 데는 더 나을 것도 없었다.

그러나 지구가 태양 주위를 돈다는 이론은 다른 문제를 불러일
으켰다. 무거운 물질은 우주의 중심으로 움직이려 하기 때문에 지
구가 우주의 중심에 있다는 아리스토텔레스의 이론과 어긋나는
것이다. 지구가 우주의 중심이 아니므로 지상계와 천상계의 구분

도 무의미해졌다.

코페르니쿠스를 시작으로 프톨레마이오스와 아리스토텔레스의 세상은 무너지기 시작했다. 케플러와 갈릴레오 같은 천문학자는 지동설이 자리 잡는 데 큰 역할을 했다. 케플러는 행성이 원이 아닌 타원을 그리며 움직인다는 사실을 밝혔고, 갈릴레오Galileo Galilei는 움직이는 물체와 똑같이 움직이는 사람은 그 물체의 움직임을 느낄 수 없다는 '운동의 상대성'으로 지구가 움직일 때 그 위에 있는 사람이 지구의 움직임을 느끼지 못하는 현상을 설명했다. 그리고 갈릴레오는 어떤 도구를 이용해 코페르니쿠스의 우주 구조를 뒷받침하는 증거를 여럿 찾아냈다. 그 증거 중에는 달도 있었다.

# ☽
# 달의 얼굴이
# 중요한 까닭

 달은 지구에서 유일하게 표면의 무늬를 볼 수 있는 천체다. 맨 눈으로만 봐도 달에는 어두운 부분과 밝은 부분이 있다는 사실을 알 수 있다. 그렇지 않았다면, 달에 토끼가 산다거나 두꺼비가 있다는 등의 전설이 생기지 않았을 것이다. 이 무늬는 언제나 똑같았기 때문에 달이 항상 똑같은 면을 지구로 향하고 있다는 사실을 알아낼 수도 있었다.

 근대에 이르기까지 유럽을 지배했던 아리스토텔레스의 철학에서는 이게 문제였다. 아리스토텔레스가 생각한 우주는 중심에 지구가 있었다. 그리고 안쪽부터 순서대로 달, 수성, 금성, 태양, 화성, 목성, 토성이 있었다. 토성 너머에는 별이 있었다. 지구가 우주의 중심인 이 우주 모형은 코페르니쿠스의 천문학 혁명이 일어나기 전까지 유럽을 지배했다.

 아리스토텔레스는 우주가 지상계와 천상계로 나뉜다고 생각했다. 지상계는 지구에서 달 아래까지의 세계로, 완전하지 않고 변화가 가능한 곳이다. 반대로 천상계는 완전한 세계라 변화가 없고 원운동을 한다. 아리스토텔레스의 이론에 따르면 천상계에 포함된 달은 매끄러운 원이어야 했다. 곰보투성이 달은 있을 수 없는 존재였다.

## 달 무늬에 관한 고민

그러나 달에 무늬가 있다는 건 부정할 수 없는 사실이었다. 눈이 멀쩡한 사람이라면 보지 못할 수가 없었다. 따라서 이를 설명할 방법이 필요했다. 아리스토텔레스 자신은 달이 지상의 부패를 일부 나누어 가진 게 아닌가 추측했지만, 뾰족한 설명을 찾을 수가 없었다.

이후 아리스토텔레스 추종자들은 아리스토텔레스의 철학에 어긋나지 않으면서도 눈에 보이는 달의 무늬를 설명할 수 있는 방법을 찾으려 고심했다. 예를 들어, 달 표면은 완벽한 거울이기 때문에 우리가 보는 무늬는 지구의 지형이 반사된 것이라는 의견이 있었다. 하지만 달이 지구 주위를 도는 동안 무늬가 변하지 않는다는 사실 때문에 받아들여지지 않았다. 태양과 달 사이에 있는 증기 때문에 달에 반사되는 빛에 무늬가 생긴다는 생각도, 무늬가 달 표면이 아니라 관찰자의 눈과 달 사이의 어딘가에 있는 것이라는 생각도 있었다.

이븐 알하이삼은 이런 생각을 받아들이지 않았다. 그렇다고 《플루타르코스 영웅전》의 저자인 그리스 철학자 플루타르코스

Plutarchos처럼 달 표면이 움푹 패였다고 생각하지도 않았다. 그 대신 달 표면이 태양 빛을 보존한다는 아이디어를 냈다. 빛을 곧바로 반사하는 게 아니라 시간이 지난 뒤에 방출하는 것이며, 이 과정이 비교적 잘 안 이루어지는 부분이 어둡게 보인다고 생각했다. 중세 이슬람 철학자이자 의사였던 이븐 시나Ibn Sina는 달이 태양 빛을 반사할 뿐이라면 우리 눈에 무늬가 보이는 건 달 표면에 뭔가 반사를 방해하는 게 있기 때문이지 않겠냐고 했다.

이런저런 생각이 있었지만, 아리스토텔레스의 강한 영향력 탓에 유럽에서는 달이 매끄러워야 한다는 생각이 지배적이었다. 그 때문인지 중세와 르네상스 시대에는 달의 무늬를 있는 그대로 그린 그림이 없었다.

16세기에 들어서야 눈에 보이는 달의 모습을 묘사하는 시도가 나타났다. 천재 예술가로 유명한 레오나르도 다 빈치Leonardo da Vinci는 1500년대 초 달 스케치 2장을 남겼다. 하나는 보름달과 반달을 담고 있고, 다른 하나는 반대쪽 반달을 묘사하고 있다. 달의 어두운 부분을 검게 칠해 무늬를 재현한 모습을 볼 수 있다.

16세기 후반에는 영국의 천문학자 윌리엄 길버트William Gilbert가 달 표면의 무늬를 그렸다. 어둡고 밝은 부분의 윤곽을 나타내 무늬를 표시했는데, 길버트는 밝은 부분은 물이고 어두운 부분은 육지라고 생각했다.

## 강력한 조력자의 등장

망원경의 등장은 사실적인 달 묘사에 박차를 가했다. 1608년
네덜란드의 안경 제작자 한스 리퍼세이Hans Lippershey는 볼록렌즈와
오목렌즈를 조합해서 망원경을 만들고 특허를 신청했다. 비슷한
장치를 만들었다는 이야기가 여기저기서 들려오는 바람에 특허를
받지는 못했지만, 멀리 떨어져 있는 물체를 확대해서 볼 수 있는
장치는 자연스럽게 유럽으로 퍼져나갔다.

갈릴레오도 이 망원경에 관한 이야기를 들었다. 멀리 있는 물
체를 가까이 있는 것처럼 볼 수 있다니 흥미가 동하지 않을 수 없
었다. 바로 1년 뒤 갈릴레오는 스스로 망원경을 만들고 성능을 개
선했다. 이 망원경으로 가장 먼저 관찰한 것은 무엇이었을까? 아
마도 망원경이 제대로 작동하는지 확인하려고 멀리 떨어져 있는

▶ 갈릴레오는 지동설을 지지했고,
 망원경으로 목성의 4대 위성을 발
 견했다.

▲ 갈릴레오가 그린 달 스케치.

건물이나 산을 먼저 봤을 것 같다. 그리고 이내 망원경이 향한 곳
은 바로 달이었다.

　아득히 먼 천체를 관측하는 천문학자라면 망원경에 관심을 갖지
않았을 리가 없다. 그리고 밤하늘에서 망원경을 들이대기에 가장
유망한 천체는 바로 달이다. 요즘도 천체 관측을 시작하는 사람이
가장 먼저 관측하는 건 아마 달일 것이다. 갈릴레오는 달을 관측하
고 표면의 모습을 그림으로 그렸다. 망원경만 충분히 좋다면 달 지

도는 지구의 지도보다 그리기 쉽다. 일부분을 그린 지도를 모아서 전체를 만드는 게 아니라 처음부터 전체의 윤곽을 그릴 수 있다. 게다가 위험을 무릅쓰고 세계 곳곳을 돌아다니며 측량하고 기록할 필요 없이 가만히 앉아서 망원경만 들여다보면 되는 일 아닌가.

사실 갈릴레오보다 몇 달 먼저 먼저 망원경으로 달을 보고 지도를 만든 사람이 있다. 영국의 수학자이자 천문학자인 토머스 해리엇Thomas Harriot이다. 옥스퍼드대를 졸업한 해리엇은 정치가이자 탐험가인 월터 롤리Walter Raleigh의 수학 개인 교사로 일하며 넓은 바다를 건너 신대륙으로 가는 항해술을 연구했다. 당시에는 망망대해 위에서 배의 위치를 알아내기 위해 태양과 달, 별과 같은 천체에 의지했다. 천체의 위치와 관측할 때의 각도를 이용해 배가 있

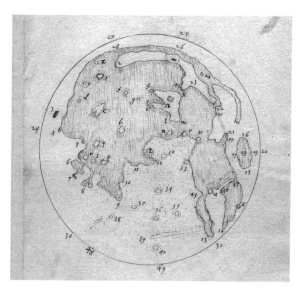

▲ 토머스 해리엇의 달 지도. 시기적으로는 갈릴레오보다 앞선다.

는 곳의 위도와 경도를 알아내야 했다. 따라서 항해술을 익히기 위해서는 천문학 지식이 꼭 필요했다. 해리엇은 항해술을 연구해 선장들에게 가르쳤다.

롤리와 함께 북아메리카 탐사에 직접 나서기도 했다. 해리엇이 탐사 동안 머문 곳은 오늘날의 미국 노스캐롤라이나주에 있는 로어노크 섬이었다. 이곳에서 측량을 하며 지도를 만들고, 원주민의 언어와 문화를 배우며 이를 기록했다. 이 기록은 1588년 출간되어 훗날의 영국 탐험가에게 큰 영향을 끼쳤다.

1607년 지구를 찾아온 핼리혜성은 해리엇의 관심이 천문학으로 향하게 했다. 2년 뒤에는 망원경을 구해 달을 관측하며 달의 지도를 그렸다. 갈릴레오보다 4달 앞선 기록이지만, 해리엇은 생전에 자신이 그린 달 지도를 출판하지 않았기 때문에 갈릴레오만큼의 명성을 얻지 못했다. 갈릴레오보다 배율이 떨어지는 망원경을 쓰기도 했거니와 달의 어두운 부분이 무엇을 의미하는지 자기 생각을 설명하지 못했다.

갈릴레오는 달랐다. 갈릴레오는 지구가 태양 주위를 돈다는 지동설을 믿었다. 아리스토텔레스의 이론에 얽매이지 않았고, 달의 무늬와 어두운 부분을 있는 그대로 받아들였다. 계속해서 관측한 결과 달에서 보이는 어두운 선은 시간에 따라 달라졌다. 갈릴레오는 이런 선이 태양 빛의 각도에 따라 달라지는 그림자라고 생각했다. 즉, 지구와 마찬가지로 달에도 산이나 계곡 같은 지형이 있다는 뜻이다. 태양 빛의 각도에 따른 그림자의 길이를 측정할 수 있다면 달 표면을 입체로 구현할 수도 있었다.

물론 당시의 교회는 갈릴레오의 발견을 바로 인정하지 않았다. 시간이 흐르자 천문학자들은 자연스럽게 달 표면이 울퉁불퉁하다는 사실을 받아들였다. 그리고 이 사실과 정교한 달 지도를 이용해 한 가지 골치 아픈 문제를 해결하려고 했다.

## 경도를 찾아서

지구에서 자신의 위치를 정확히 알고, 나타내기 위해서는 위도와 경도를 이용한 좌표를 쓴다. 요즘처럼 GPS가 없던 시절에는 이 좌표를 알아내는 게 쉽지 않은 문제였다. 그래서 해리엇과 같은 전문가가 필요했다. 새로운 땅이나 바다에서 배의 위치를 명확하게 위도와 경도로 나타낼 수 있다면 탐험가와 여행가에게는 큰 도움이 될 터였다.

위도는 비교적 알아내기 쉽다. 북반구에서는 북극성의 고도를 측정하기만 하면 된다. 북극성의 고도는 곧 위도와 같았다. 천구의 남극에 북극성 같은 별이 없는 남반구에서는 남십자성처럼 천구의 남극에서 얼마나 떨어져 있는지 알고 있는 별을 이용했다. 그 별이 정남쪽에 올 때의 고도를 측정해 천구의 남극의 위치를 계산하는 것이다. 날이 흐려서 별을 보지 못하는 날만 아니면 어렵지 않게 위도를 알아낼 수 있었다. 혹은 태양이 정남쪽에 왔을 때의 고도를 재면 위도를 짐작할 수 있다.

골치 아픈 건 경도였다. 경도는 천체의 위치로 알 수 없었다. 경도를 계산하려면 두 지역의 시간 차이를 알아야 한다. 예를 들어,

A 지점에서 태양이 남중한다. 그리고 B 지점에서는 2시간 뒤에 태양이 남중한다. 지구는 24시간 동안 360도를 회전하므로 1시간에 15도 회전한다. 따라서 A와 B 지점의 경도는 30도 차이가 난다. 둘 중 한 지점의 경도를 알고 있다면 다른 지점의 경도도 바로 알 수 있다.

쉬워 보인다고? 당시에는 실시간으로 연락을 주고받을 수단이 없었다는 점을 염두에 두자. A 지점과 B 지점에 있는 사람은 각자 자신이 있는 곳의 현지 시각밖에 알 수가 없다. 태양이 남중하는 것을 보고 멀리 떨어져 있는 사람에게 전화를 걸어 지금 그곳이 몇 시냐고 물어볼 수 있는 게 아니다. 기준이 되는 지역의 시간에 맞춘 정확한 시계가 있다면 가능하겠지만, 진자를 이용한 당시의 시계는 쓸모가 없었다. 대서양을 건너는 동안 험한 뱃길을 견뎌낼 수 있을 만큼 튼튼하고 정확한 시계가 필요했다. 나중의 이야기지만, 이 문제를 해결하기 위해 결국 정교한 시계인 해상 크로노미터가 등장했다.

자, 그렇다면 다른 방법을 써야 했다. 지구 어디에서도 동시에 관찰할 수 있는 사건이 일어났을 때 기준이 되는 지점과 다른 지점에서 각각 그 사건을 목격한 현지 시각을 기록한다. 나중에 만나서 두 기록을 비교하면 시간 차이를 가지고 경도를 계산할 수 있다.

그러면 이제 지구 어디에서나 동시에 관찰할 수 있는 사건이 필요했다. 예측이 가능하고 정확한 순간을 기록할 수 있는 사건이어야 했다. 일식 같은 천문 현상이 후보였다. 그런데 일식은 어느 정도 예측이 가능하지만, 자주 일어나지 않는 데다가 지구 전 지역에서 볼 수 없다.

월식은 일식보다 자주 볼 수 있고, 밤이기만 하면 지구 어디서나 동시에 관찰할 수 있다. 크리스토퍼 콜럼버스Christopher Columbus도 항해 중에 월식을 이용해 경도를 측정했다는 기록을 남긴 적이 있다. 물론 맨눈으로 관측하면서 월식이 일어나는 정확한 순간을 판단하기는 어려웠다. 특히 항해 도중에는 시간을 정확히 잴 방법이 없었기 때문에 정확하게 측정하기는 힘들었다.

망원경이 등장하자 천문학자들은 월식을 이용해 더욱 정교하게 경도를 측정할 수 있다는 생각을 떠올렸다. 월식이 진행되는 동안 망원경으로 관측하면서 특정 지형이 가려지는 시각을 기록한다면 정확성이 더욱 높아지는 것이다.

그렇게 하려면 달의 지도가 필요했다. 프랑스의 수학자, 천문학자인 피에르 가상디Pierre Gassendi는 달 지도를 제작하기로 마음먹었고, 클로드 멜랑Claude Mellan이라는 당시 유명한 판화가와 함께 작업했다. 망원경을 통해 눈으로 본 것을 그림으로 정교하게 나타내는 일은 과학자가 직접 할 수 없는 일이었다. 사진 기술이 등장하기 전까지, 그리고 사진 기술이 등장하고도 한동안은 천체 관측에 예술가와 함께하는 일은 흔했다.

1637년 멜랑은 뛰어난 예술가답게 보름달과 상현달, 하현달을 담은 멋진 달 지도를 3장을 만들었다. 3장을 각각 만든 것은 달 표면에 태양 빛이 비치는 각도에 따라 그림자가 달라지기 때문이다. 보름달일 때는 그림자가 없어서 보이지 않는 지형이 상현달일 때는 보일 수도 있다.

▲ 클로드 멜랑이 만든 보름달일 때의 달 지도. 앞선 지도와 비교해 정교하고 아름답다.

—◖—

## 달로 경도를 재는 또 다른 방법

항해 중에 경도를 알아내는 일은 오랫동안 해결하기 어려운 문제였다. 바다를 사이에 두고 멀리 떨어진 육지의 경도는 월식처럼 지구 전체에서 동시에 볼 수 있는 사건이 일어나는 현지 시각을 기록했다가 나중에 비교함으로써 알 수 있었다. 하지만 망망대해에서

우주로 가는 문 달

156

항해해야 하는 뱃사람은 실시간으로 경도를 알 수 있어야 했다. 경도가 1도 틀리면 배의 위치는 100킬로미터 이상 틀리기 때문에 생사가 갈릴 수도 있었다.

배 위에서 경도를 재기 위해 쓰던 방법으로 달 각거리 측정법이 있었다. 천구를 360도로 나누면 달은 하루에 13.2도를 움직인다. 밤하늘에 있는 별은 고정되어 있으므로 별을 배경으로 달이 움직이는 모습을 볼 수 있다. 경도를 알고 싶다면, 미리 정해둔 별과 달 사이의 각거리를 측정한다. 관측자로부터 각각 달과 별을 향해 선분을 그은 다음 그사이의 각도를 재는 것이다. 이 각은 지구 어디에서 봐도 똑같다.

그리고 기준이 되는 지점의 시각과 달의 각거리를 기록해 둔 표와 비교한다. 그러면 기준이 되는 지점의 현재 시각을 알 수 있다. 이 시각과 배 위에서 태양의 고도를 측정해 알아낸 현지 시각의 차이를 가지고 경도를 계산한다. 이 방법을 개발하는 데는 유명한 수학자 레온하르트 오일러Leonhard Euler도 참여했다. 달 각거리 측정법은 18세기 중반부터 약 100년 동안 정교한 해상 시계를 보유하지 못한 뱃사람들에게 널리 쓰였다.

## 달 지도 경쟁

하지만 멜랑의 작품은 지도라기보다는 그림에 가까웠다. 최초의 달 지도로 인정받는 지도는 미카엘 판 랑런이 9년에 걸친 작업 끝에 1645년 완성한 것이다. 네덜란드의 제도 제작자 집안에서 태어난 판 랑런은 경도를 측정하는 문제에 관심을 가졌다. 동시대의 다른 사람처럼 달의 지형을 망원경으로 관측함으로써 경도 측정의 정확도를 높일 수 있다고 생각했다.

판 랑런은 달 표면의 특정 지형이 빛을 받아 밝아지거나 빛을 받지 못해 어두워지는 모습을 시계로 활용하려고 했다. 달을 일정한 주기에 따라 모양이 변한다. 이를테면, 달에 있는 어떤 산꼭대기가 태양 빛을 받는 일이 주기적으로 일어난다는 뜻이다. 판 랑런은 달의 몇몇 지형에 태양이 뜨거나 지는 순간을 지구 어디서나 볼수 있는 시계로 활용할 생각이었다. 그렇게 된다면 굳이 월식 때가 아니더라도, 바다 위에서도 달을 자세히 관찰할 수만 있다면 경도를 계산할 수 있었다.

판 랑런은 본격적으로 달의 지형에 이름을 붙이기도 했다. 달 지도를 만들 자금을 얻기 위해 스페인의 국왕 펠리페 4세Pelipe IV에게 도움을 요청하며 달에 명망 있는 사람들의 이름을 붙이겠다고 제안했다. 그 결과 판 랑런이 만든 지도에는 펠리페 4세를 포함한 저명한 군주, 과학자, 예술가의 이름이 담겨 있다. 하지만 지금은 판 랑런이 붙인 이름이 쓰이지 않는다.

그리고 얼마 뒤 판 랑런의 달 지도를 뛰어넘는 지도가 등장했다. 주인공은 당시 폴란드에 속했던 단치히의 천문학자 요하네스 헤벨리우스Johannes Hevelius였다. 헤벨리우스는 부유한 맥주 상인의 첫째 아들이었다. 라이덴에서 공부했고, 영국과 프랑스를 여행하며 여러 인사를 만났다. 앞서 달 지도를 만든 피에르 가상디를 만나기도 했다. 가업을 물려받아 안정적인 재정을 확보할 수도 있었다. 평생 시정 활동에 참여하면서 시장을 맡은 적도 있지만, 쭉 천문학에 관한 관심을 놓지 않았다. 1641년 헤벨리우스는 자신의 집에 훌륭한 장비를 갖춘 천문대를 설치했다. 이 천문대는 여왕의 방

◀ 1645년 판 랑런이 완성한 달 지도.

▲ 1647년 헤벨리우스가 만든 달 지도.

문을 받기도 했다.

이곳에서 50배 확대할 수 있는 망원경으로 달 관측을 시작한 헤벨리우스는 1647년 기념비적인 달 지도를 내놓았다. 이 업적으로 '달 지형학의 창시자'라는 명예도 얻었다. 헤벨리우스도 판 랑런처럼 달의 지형에 이름을 붙였는데, 2년 전에 판 랑런이 붙여 놓은 지명을 무시하고 자기 나름의 방법으로 붙였다. 헤벨리우스의 방식은 지구의 유명한 천문학자와 지명을 가져오는 것이었다. 그래서 생긴 지명이 코페르니쿠스 바다, 갈릴레오 호수, 가상디 반도, 지중해, 아드리아해, 카스피해, 에트나산 등이었다.

헤벨리우스는 이 작업을 일컬어 "멀리 떨어진 천체의 여러 부분에 이름을 붙이는, 이제까지 아무도 하지 않았던 일"이라고 썼다. 이를 본 판 랑런은 2년이나 먼저 나온 자신의 달 지도를 언급하지 않았다는 이유로 불같이 화를 냈다. 오늘날의 우리가 보기에 이 두 사람의 신경전은 부질없는 짓이다. 헤벨리우스가 붙인 이름 또한 지금은 거의 쓰이지 않기 때문이다. 지금까지 남아 있는 달의 지명을 붙인 것은 다른 사람이었다.

## 달에 남은 이름

조반니 바티스타 리촐리Giovanni Battista Riccioli는 1598년에 태어난 이탈리아의 천문학자이자 예수회 신부였다. 예수회는 이냐시오 데 로욜라가 설립한 가톨릭교회 소속 수도회로, 가톨릭 복음을 널리 전파한다는 사명을 띠고 있다. 자연히 종교 개혁의 공격으로부터 가톨릭교회를 지키는 성격을 갖게 되었는데, 속속 이루어지던 과학적 발견으로부터도 마찬가지였다.

당시 아리스토텔레스와 프톨레마이오스의 천동설은 지동설의 대두로 위협을 받고 있었다. 리촐리는 과학적 논리를 이용해 천동설을 지키기 위해 종합 천문학 서적을 집필했다. 이름도 프톨레마이오스의 《알마게스트》의 뒤를 이어 《신 알마게스트》라고 붙였다. 1651년에 나온 이 책에는 동료 예수회 신부인 프란체스코 그리말디Francesco Mario Grimaldi와 함께 그린 달 지도가 들어가 있다.

우리 모두 알다시피 천동설은 결국 지동설에 밀려 사라졌다. 하지만 리촐리가 달 지도에 남긴 지명과 이름을 붙이는 방식은 지금까지 남아서 쓰이고 있다. 리촐리는 넓은 지형과 주요 크레이터를 나누어 이름을 붙였다. 넓은 지형에는 '바다'를 붙였는데, 기후에서 많이 따왔다. 비의 바다, 구름의 바다 등이다. 훗날 아폴로 11호가 착륙한 고요의 바다도 리촐리가 이름을 붙인 곳이다.

주요 크레이터에는 역사상 유명한 철학자와 정치가, 과학자의 이름을 붙였다. 구역을 8개로 나눠 각 구역에 비슷한 성격의 인물을 배치했다. 재미있게도, 지동설에 반대한 리촐리도 코페르니쿠스나 갈릴레오 같은 천문학자의 이름을 달에 붙였다. 그래서 리촐리가 신분 때문에 대놓고 지동설을 지지하지는 못했지만, 내심 동조하고 있었다고 생각하는 사람도 있다. 가톨릭교회에 대한 배려 때문이었는지는 모르겠지만, 지동설 지지자는 아리스토텔레스 같은 고대 철학자로부터 멀리 떨어져 있다. 공교롭게도 코페르니쿠스와 갈릴레오의 이름은 폭풍의 대양이라는 지역에 있다. 무엇을

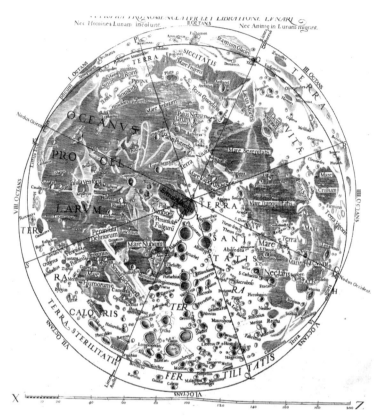

▲ 리촐리가 만든 달 지도. 달에 지명 붙이기 대결의 승자는 리촐리였다.

상징하는 것일까, 아니면 단순한 우연일까?

달 지도는 시간이 지나며 점점 자세해졌지만, 리촐리의 방식은 계속 폭넓게 쓰였다. 리촐리가 붙인 이름도 상당수 살아남았다. 물론 여러 나라에서 제각기 이름을 붙이다 보니 혼란이 생기기는 했다. 마침내 20세기 들어 국제천문연맹이 리촐리의 방식을 공식화하고, 혼란스러운 지명도 정리했다. 대부분은 세상을 떠난 과학자의 이름을 붙였다.

1839년에는 새로운 도구가 망원경에 가세했다. 바로 사진이었다. 1825년 프랑스의 니세포르 니엡스Joseph Nicéphore Niépce는 헬리오그래피라는 방법을 개발해 세계 최초로 사진을 찍는 데 성공했다. 니엡스는 영구적인 화상을 남기는 일에 관심이 많았던 루이 다게르Louis Daguerres와 협력해 사진 기술을 개선하기로 했다. 1833년 니엡스가 세상을 떠나면서 이 일은 다게르가 떠맡았고, 다게르는 1839년 '다게르타입'이라 부르는 은판사진술을 공개했다. 그리고 다게르는 곧바로 달 사진을 찍어 보았다.

당시의 사진이란 길게는 몇십 분까지 노출을 해야 찍을 수 있었던 데다 성능이 떨어져 최초의 달 사진은 화질이 썩 좋지 않았다. 사실 사진이 달 지도를 그리는 데 망원경과 사람의 예리한 눈이라는 조합을 능가하게 된 건 20세기에 들어서였다.

## 크레이터, 화산인가 운석인가?

달의 지형에서 가장 눈에 띄는 것은 크레이터crater다. 크레이터라는 단어는 '그릇'을 뜻하는 그리스에서 나왔다. 원래는 화산의 분화구를 크레이터라고 불렀는데, 달의 움푹 팬 지형까지 크레이터라고 부르게 됐다. 달의 표면이 매끄럽지 않다는 사실이 밝혀진 뒤로 달 지형, 특히 크레이터의 정체가 무엇인지에 관해서는 여러 가지 의견이 있었다. 지금 우리는 크레이터가 운석 충돌로 생겼다는 사실을 알고 있지만, 사람이 달에 착륙하기 전까지만 해도 정체가 확실하지 않았다.

그동안 여러 과학자가 달 크레이터의 기원을 탐구했다. 리촐리의 지도가 나오고 10여 년 뒤 영국의 과학자 로버트 훅Robert Hooke은 현미경으로 관찰한 내용을 기록한 역사적인 저작《마이크로그래피아》를 발표했는데, 여기에는 달의 크레이터를 자세히 묘사한 그림도 실려 있었다. 훅은 달의 크레이터가 거대한 가스 폭발 때문에 생겼다는 추측을 내놓았다. 훅은 실험으로 자신의 추측을 뒷받침하기도 했다. 조각상을 만드는 데 쓰는 설화석고에 열을 가했더니 마치 화산처럼 거품이 끓어올라 크레이터와 같은 모습이 되었던 것이다. 훅은 이 모습이 달 표면과 흡사하다고 생각했다.

크레이터가 충돌로 생겼다는 추측도 실험해 보기는 했다. 진흙과 물을 섞은 뒤에 위에서 단단한 물체를 떨어뜨리자 크레이터와 비슷한 모양이 나왔다. 하지만 훅은 달에 충돌한 천체가 어디서 왔는지 불분명하다며 이 가설을 거부했다.

그 뒤로 한참 동안 화산 이론이 주류를 차지했다. 천왕성을 발견한 18세기의 저명한 천문학자 윌리엄 허셜William Herschel은 1787년 초승달을 관측하다가 달에서 화산이 폭발하는 모습을 관측했다고 쓰기도 했다. 허셜이 본 게 정말 화산 폭발이 맞을까? 믿어지지 않는 이야기다. 그 날 허셜이 본 현상이 무엇이었는지는 아직 수수께끼로 남아 있다.

이때까지도 아직 달에 생명체가 있을지도 모른다고 생각한 사람은 많았다. 허셜도 달에 생명체가 있는 게 거의 확실하다고 생각했다. 독일의 천문학자 요한 히로뉘무스 슈뢰터Johann Hieronymous

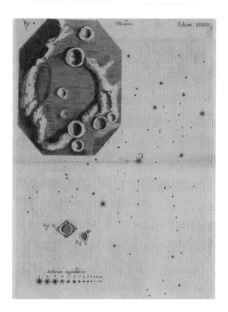

▲ 훅이 그린 달의 크레이터. 달 전체가 아니라 일부를 자세하게 묘사했다.

Schröter도 달의 일부 지형에 관해 자세한 기록을 남겼는데, 달 표면에서 변화를 관찰했다며 이것이 생명체 때문이라고 생각했다. 달에서 녹지대를 보았다고 기록하기도 했다.

17~18세기에 살았던 독일 천문학자 프란츠 폰 그루이투이젠 Franz von Paula Gruithuisen도 달에서 직선 모양의 형태를 발견하고 달에 도시가 있다고 생각했다. 그루이투이젠은 달의 크레이터가 충돌로 인해 생겼다고 주장한 첫 번째 인물이기도 하다.

19세기 들어 달의 크레이터 연구에 지질학자가 본격적으로 참여하기 시작했다. 미국의 지질학자 그로브 칼 길버트 Grove Karl Gilbert는 달 크레이터에 관심을 갖고 연구한 끝에 화산이 아닌 충돌로 생

▲ 미국 애리조나의 베린저 크레이터. 지름이 약 50미터인 운석이 충돌했을 것으로 추측하고 있다.

겼다는 결론을 내렸다. 그런 길버트가 미국 애리조나의 유명한 배린저 운석구가 화산 폭발로 생겼다고 생각했다는 사실은 참 얄궂은 일이다. 달의 크레이터가 운석 충돌로 생겼다고 주장한 사람 중에는 대륙이동설로 유명한 알프레드 베게너도 있었다.

이 문제는 쉽사리 결론이 나지 않았다. 결국, 아폴로 계획이 성공해 달에서 증거를 가져온 뒤에야 운석 충돌의 결과로 마무리될수 있었다. 배린저 운석구는 1960년대에 이르러 지질학자 유진 슈메이커Eugene Merle Shoemaker가 운석 충돌과 같은 사건이 있을 때 생기는 충격 석영을 발견함으로써 운석 충돌 때문에 생겼다는 사실이 밝혀졌다. 슈메이커는 아폴로 계획의 우주인 후보가 될 수도 있었지만, 질병이 있어서 탈락하기도 했다. 그러나 1997년 교통사고로 사망한 뒤 슈메이커의 유해는 달 탐사선에 실려 달 표면에 떨어졌다. 살아서는 가지 못한 곳을 마침내 죽어서 간 셈이다.

## ☽
# 미, 소의
# 우주 경쟁과 달

"10, 9, 8, ……, 2, 1, 점화!"

숫자가 10에서 하나씩 줄어들다가 0이 되면 마침내 화염과 굉음을 내뿜으면서 우주로 올라가는 로켓. 로켓 발사라고 하면 흔히 이런 '카운트 다운'을 떠올리게 된다. 로켓 발사가 아니더라도 어떤 중요한 순간을 목전에 두고 자주 하는 행동이다. 이렇게 로켓 발사를 상징하게 된 카운트 다운의 기원은 오스트리아 출신의 영화감독 프리츠 랑Fritz Lang의 〈달의 여인〉이다. 1929년 개봉한 이 영화의 내용은 대략 다음과 같다.

우주여행에 관심이 많은 헬리우스라는 기업가가 있다. 이 사람은 로켓을 이용해 달에 가려고 달에 금이 있다고 생각하는 과학자 만펠트를 찾아간다. 두 사람은 함께 달에 갈 계획을 세운다. 그런데 이들의 계획을 알게 된 악당 사업가 터너가 헬리우스를 협박한다. 자신을 데려가지 않으면 계획을 방해하거나 로켓을 파괴하겠

▲ 〈달의 여인〉의 한 장면. 사막과 같은 풍경으로 그려져 있다.

다고. 헬리우스는 어쩔 수 없이 승낙한다.

사실 이 영화의 주요 내용은 로맨스다. 헬리우스가 로켓에 붙인 이름 '프리데'는 남몰래 사랑하는 여인의 이름이다. 프리데는 헬리우스의 조수로 일하고 있었는데, 같은 조수인 빈데거와 약혼한 사이다. 헬리우스는 감정을 꾹 숨긴 채 만펠트, 터너, 빈데거, 프리데와 달로 탐사를 떠난다. 이들은 달 뒷면에 착륙하는데, 공기가 있어 일행은 우주복 없이도 문제 없이 숨을 쉬고 걸어다닐 수 있다. 만펠트가 달에서 자신의 이론대로 금을 발견하고 기뻐하다가 추락사하는 등 여러 일이 벌어진 끝에 헬리우스는……. 나온 지 90년 된 영화지만 스포일러는 자제하도록 하자. 이 영화는 유튜브에서 'Woman in the moon'으로 검색하면 볼 수 있다.

이 영화를 보면 당시 사람들이 달과 우주여행에 관해 알고 있던 지식을 슬쩍 엿볼 수 있다. 지구에서 달까지의 거리는 38만 4000킬로미터로 나오는데, 이는 지금과 다르지 않은 수치다. 로켓이 지구를 탈출하는 데 필요한 속도도 초속 11.2킬로미터로 정확히 나온다. 카운트 다운 장면은 숫자가 10부터 1씩 줄어드는 모습을 보여주다가(무성 영화이기 때문에 대사와 설명은 자막으로 나온다) '점화'나 '발사'가 아닌 '지금!'으로 끝난다. 헬리우스의 로켓은 이후에 실제로 우주 개발에 쓰인 다단로켓과 마찬가지로 2단으로 이루어져 있다.

〈달의 여인〉은 로켓을 이용한 우주여행에 관한 이미지를 대중에게 각인시킨 영화다. 독일의 로켓공학자 헤르만 오베르트가 이 영화의 과학 자문을 맡기도 했다.

## 로켓 이전에 미사일

방향을 바꾸는 기능의 유무, 목적에 따라 대충 구분할 수는 있지만, 로켓과 미사일은 본질적으로 크게 다르지 않다. 최초의 로켓이 어디서 탄생했는지는 불분명하지만, 초기에는 대부분 무기로 쓰였다. 화약을 이용해 화살을 멀리 날리는 용도였다. 우리나라에서도 신기전이라는 로켓 무기가 있어, 화살 수십 개를 한꺼번에 수백 미터 밖에 있는 적을 향해 쏠 수 있었다. 중국이나 유럽에서도 상황은 비슷했다. 19세기에 이르기까지 세계 여러 곳에서 화약으로 로켓 무기를 만들어 쓴 기록이 남아 있다.

19세기에서 20세기로 넘어오면서 로켓을 이용한 우주여행에 관한 연구가 이루어지기 시작했다. 옛 소련과 독일, 영국 같은 나

© Bundesarchiv, Bild 141-1880

▲ 시험 발사 중인 V-2 로켓. V-2는 전쟁 당시 수많은 사람을 공포에 빠뜨렸다.

라에서는 국가적으로 로켓 연구를 지원했다. 과학적인 목적도 있었지만, 큰 용도는 무기였다. 장거리 폭격이 가능해진다는 매력을 거스를 수 없었을 것이다. 특히 독일은 제1차 세계대전 이후 베르사유 조약에 의해 장거리 무기 보유에 제약을 받고 있었던 터라 아직 생소했던 로켓에 큰 관심을 가졌다.

그 결과 제2차 세계대전 말기에 독일은 V-2 로켓으로 연합군에게 큰 위협을 가했다. V-2는 세계 최초의 장거리 탄도미사일로, 액체연료로 움직였다. 로버트 고다드의 액체연료 기술을 가져와 더욱 발전시킨 결과물이었다. 1944년에는 해발고도 100킬로미터를 넘겨 우주로 날아간 최초의 인공 물체가 되는 기록을 세웠다.

V-2의 주목표는 영국과 유럽의 연합군 주둔지였다. V는 보복 Vergeltungswaffe의 약자였다. 연합군도 V-2의 존재를 미리 알고 연구 시설을 공급했지만, 핵심 인물들은 살아남았다. V-2는 1944년 9월 첫 발사 이후 독일이 항복할 때까지 약 9개월 동안 3,000여 대가 발사대를 떠났고, 그 결과 1만 명에 가까운 군인과 민간인이 목숨을 잃었다. 폭격 피해와 무관하게 강제수용소에서 끌려와 로켓 제조 시설에서 일해야 했던 노동자도 1만 명이 넘게 과로와 질병, 굶주림, 처형으로 세상을 떠났다.

언제 하늘에서 폭탄이 떨어질지 몰라 연합군을 두려움에 떨게 한 무기였지만, 제작에 들어가는 자원 대비 효율은 그다지 높지 않았다. 당시의 기술로는 목표를 정확히 맞추는 기술이 부족했기 때문이다. 초기의 V-2는 거리와 방위를 미리 알고 있는 목표를 향해 비행하다가 정해둔 시간이 지나면 엔진을 멈추는 방식이었다. 엔진이 멈추면 그때부터는 포물선을 그리며 땅으로 떨어져 폭발했다. 나중에는 지상에서 무선으로 유도하는 방식을 쓰기도 했다. 어쨌든 막대한 자원을 투자한 V-2가 이미 기울어진 전황을 뒤집지는 못했다.

독일이 항복하자 미국과 소련, 영국은 독일의 V-2 기술을 확보하려고 경쟁을 벌였다. 이들은 개발에 참여한 인력, 설계도, 생산 시설을 나누어 가졌는데, 최대의 수혜자는 미국이었다. V-2 개발의 핵심 인물이었고, 앞으로 아폴로 계획의 핵심 인물이 될 베르너 폰 브라운Wernher von Braun이 자신의 연구팀과 함께 엄청난 양의 도면과 문서를 가지고 미국에 항복했다. 미국은 폰 브라운의 항복 의사를 전달받고, 독일군 전선 뒤쪽에 숨어 있었던 폰 브라운 일행을 탈출시켰다. 이때 그의 나이는 불과 33세였다.

## 폰 브라운과 코롤료프

폰 브라운은 1912년 지금은 폴란드지만 당시는 독일 제국 땅이었던 곳에서 태어났다. 한때 음악가가 되려는 꿈을 꾸기도 했지만, 어려서부터 천문학과 로켓에 관심이 많았다. 《지구에서 달까지》 같은 쥘 베른의 SF소설을 탐독했던 것은 물론이다. 그리고 〈달의 여인〉에서 과학 자문을 맡았던 헤르만 오베르트Hermann Oberth의 책을 읽고 로켓에 빠져들었다. 대학교에 진학한 뒤에는 오베르트와 함께 일하는 기회도 얻었다. 오베르트와 폰 브라운이 〈달의 여인〉 개봉에 맞춰 실제 로켓을 발사하려는 계획을 세웠지만 실행하지 못했던 일도 있다.

1933년 나치가 독일에서 정권을 잡으며 폰 브라운은 정부를 위해 로켓을 개발하는 일을 맡았다. 앞서 액체연료 로켓을 만든 고다드의 연구는 폰 브라운에게 큰 영향을 끼쳤다. 고다드의 액체연료 로켓을 바탕으로 개선한 끝에 A 시리즈 로켓을 만들 수 있었는데, A-4가 이름을 바꿔 V-2가 됐다. 시험발사 도중 추락한 V-2 로켓을 연합군이 발견해 분석했을 때 고다드는 자신이 개발한 기술이 들어가 있었음을 알 수 있었다.

폰 브라운의 연구가 순조롭지만은 않았다. 1943년 연합군은 독일의 로켓 연구 시설이 페네뮌데에 있다는 사실을 파악하고 비행기를 600대 가까이 동원해서 폭격을 가했다. 다행인지 불행인지 판단하기는 어렵지만, 폰 브라운은 무사했다. 다만 엔진 개발 책임자인 발터 티엘Walter Thiel 박사를 비롯한 일부 인력을 잃었고 V-2 개발도 미뤄질 수밖에 없었다.

1944년에는 나치에 의해 체포당하기도 했다. 내부의 정치적인 음모에 휘말렸던 것으로, 공산주의에 동조해 로켓 개발을 고의로 방해하려 했다는 게 이유였다. 하지만 폰 브라운이 없으면 V-2를 개발할 수 없다는 탄원이 히틀러Adolf Hitler에게 들어가면서 결국 풀려났다.

전쟁 막바지에 소련군이 페네뮌데로 들이닥칠 우려가 커지자 폰 브라운은 동료들과 항복을 고민했다. 소련으로 가기 싫었던 폰 브라운은 미국에 항복하기로 결정하고 방법을 궁리했다. 때마침 명령 체계가 혼란스러워진 틈을 타 연구팀은 로켓 개발과 관련된

▶ NASA에서 일하던 당시의 폰 브라운.                    ⓒNASA

막대한 양의 자료를 지니고 몰래 이동하기 시작했다. 자료를 잃어
버릴까 봐 걱정됐던 폰 브라운은 폐광에 자료를 숨겼고, 동생이자
동료 로켓공학자였던 마그누스 폰 브라운Magnus von Braun이 미군을
찾아 "우리 형이 V-2를 개발했는데, 항복하고 싶소"라며 항복하고
싶다는 뜻을 전했다. 폰 브라운은 미국으로 건너가 미국 육군에서
V-2의 직계 후손인 레드스톤 로켓을 만들었다.

  그즈음 폰 브라운의 연구를 보고 강한 인상을 받은 사람이 있었
다. 한발 늦게 V-2의 자료와 개발 인력을 찾고 있던 소련의 세르
게이 코롤료프Sergei Korolev였다. 코롤료프는 1907년 우크라이나에
서 태어나 스무 살이 되던 해에 모스크바로 이사해 공학을 공부했
다. 혼자서 글라이더를 만드는 등 어린 시절부터 비행기와 로켓에
관심이 많았다.

  독일이 항복한 1945년 코롤료프는 소련군의 대령으로 V-2를

◀ 소련의 우주 개발을 이끈 코롤료프의 역할은 기밀이었기 때문에 세월이 지난 뒤에야 알려졌다.

재현하기 위한 자료를 찾는 임무를 맡았다. 그러는 동안 V-2 개발에 참여했던 인력도 소련에서 이 작업을 도왔지만, 이미 폰 브라운을 위시한 핵심 인력은 미국으로 건너간 뒤였다. 코롤료프는 남은 자료를 보고 폰 브라운이 다른 어느 나라보다도 한참 앞서 있었다는 사실을 깨달았다.

### 또 다른 전쟁

전쟁이 끝나자 또 다른 전쟁이 시작됐다. 미국과 소련은 각자 가져간 V-2의 정보를 바탕으로 계속 로켓을 연구했다. 미국은 노획한 V-2로 실험을 했고, 1946년에는 카메라를 설치한 V-2를 발사해 최초로 우주에서 지구의 모습을 촬영하기도 했다. 소련 역시 코롤료프를 중심으로 V-2를 재현하기 위해 노력했다. 그 결과

▲ 미국이 V-2 로켓에 카메라를 달아 최초로 우주에서 지구를 촬영한 사진.

R-1, R-2와 같은 개량된 로켓을 만들 수 있었다.

과학 연구에도 로켓이 쓰이기는 했지만, 미국과 소련은 대륙간 탄도탄ICBM 개발에 열을 올렸다. 일본에 핵폭탄 두 발이 떨어지면서 핵폭탄의 위력이 세계에 알려진 뒤였다. 만약 로켓에 핵폭탄을 실어 발사했다면? 이 공격을 막을 수 있는 국가는 없었다.

1957년 소련은 최초의 ICBM인 R-7의 발사에 성공했다. R-7은 2단 로켓으로, 3톤짜리 탄두를 싣고 8000킬로미터를 움직일 수 있었다. 그런데 코롤료프는 1950년대 초부터 개발 중인 ICBM을 이용해 인공위성을 지구 궤도에 올릴 수 있겠다고 생각하고 있었다. 하지만 당은 코롤료프의 아이디어에 흥미를 보이지 않았다. 미국 쪽도 상황은 비슷했다.

그러다 어느 순간 미국과 소련 사이에 경쟁이 벌어지기 시작했다. 1957년 7월 1일부터 1958년 12월 31일까지인 국제지구관측년에 맞춰 인공위성을 발사하겠다는 생각이었다. 코롤료프는 당의 허가를 받아냈고, 몇 번의 실패 끝에 1957년 10월 4일 최초의 인공위성인 스푸트니크 1호가 지구 궤도에 올라갔다. 그리고 한 달 뒤 스푸트니크 2호가 또 올라갔다. 이번에는 라이카라는 개도 태우고 있었다.

미국은 당연히 큰 충격을 받았다. 원래 미국이 최초의 인공위성을 쏘아 올릴 예정이었던 로켓은 미국 해군의 뱅가드였지만, 연이어 실패하고 있던 중이었다. 공군과 육군도 제각기 로켓을 개발했다. 어쩌면 저마다 서로 로켓을 개발한다고 경쟁했기 때문에 소련에 뒤처졌을지도 몰랐다.

육군에서 로켓을 연구하던 폰 브라운이 드디어 기회를 잡았다. 1958년 1월 31일 레드스톤의 후속작인 주피터-C를 4단 로켓으로 발전시킨 주노로 미국 최초의 인공위성인 익스플로러 1호를 발사하는 데 성공했다. 익스플로러 1호는 지구를 둘러싼 방사능대인 밴앨런대를 발견하며 미국의 체면을 세웠다. 이로써 두 강대국의 우주 경쟁은 본격적으로 시작됐다. 같은 해 7월 미국은 비군사적인 목적의 우주 계획을 주도하기 위해 미국 항공우주국NASA을 창립했다.

그와 함께 달을 향한 경쟁도 시작됐다. 이 두 나라는 핵폭탄을 실은 로켓을 달에 보내 폭파한다는 황당한 아이디어를 내기도 했다. 달 표면에서 일어나는 핵폭발은 지구에서 누구나 볼 수 있을 것이며, 이는 우주 경쟁에서 앞서나가고 있다는 강력한 선전 효과

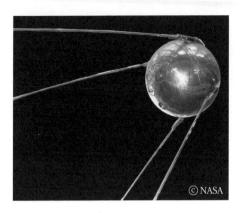

▲ 스푸트니크 1호의 모형.

를 지닌다는 이유에서였다. 핵폭탄을 실은 로켓이 다시 땅으로 떨어진다면? 우주에서 벌어지는 핵폭발이 대중에게 역효과를 일으킨다면? 여러 가지 사정으로 인해 이 계획은 결국 계획으로만 끝나고 말았다.

　달 탐사 경쟁은 미국이 선공을 날리려 했다. 1958년 8월 17일 달 궤도선 파이어니어 0호를 발사했다. 인류 최초로 지구 밖의 다른 세계를 방문하려는 시도였다. 하지만 이륙한 뒤 1분여 만에 로켓이 폭발해 버렸다. 그 뒤로는 한동안 실패의 연속이었다. 초창기의 달 탐사선 목록을 살펴보면 앞부분은 거의 실패로 범벅이 되어 있다. 다른 세계로 가는 일이 결코 쉬운 일은 아니었다. 1958년 9월 23일에는 소련이 루나 E-1호 No. 1을 발사했지만, 역시 실패했다.

　미국은 다음 달인 10월 11일 파이어니어 1호를 발사했다. 루나 E-1호 No. 2를 준비 중이던 소련도 최대한 발사 시기에 맞추기 위해 노력했고, 파이어니어 1호보다 조금 늦게 발사했다. 코롤료프는 자신이 좀 더 늦게 발사했지만, 달까지 가는 궤도가 더 짧기 때문에 먼저 도착할 수 있다고 생각했다. 결과적으로는 무의미했다. 두 탐사선 모두 발사에 실패하고 말았다.

그 뒤로 각각 한 번씩 더 실패한 뒤 소련은 의미 있는 성과를 거두었다. 1959년 1월 2일 발사한 루나 1호가 그나마 달에 비슷하게 다가갔던 것이다. 루나 1호는 원래 달에 충돌할 예정이었다. 발사는 성공이었지만, 달에 부딪히지는 못하고 6000킬로미터 거리를 두고 빗나갔다. 그러면서 달을 관측해 자기장이 없다는 사실을 알려왔다.

미국이 받은 압박감은 매우 컸다. 두 달 뒤 발사한 파이어니어 4호는 달을 6만 킬로미터 차이로 스쳐 지나갔다. 미국이 주춤하는 동안 소련은 잇따라 좋은 성과를 거뒀다. 1959년 9월 12일에 발사한 루나 2호는 계획대로 고요의 바다에 충돌하는 데 성공했다. 사람이 만든 물체가 지구 이외의 다른 세계와 처음으로 접촉하는 순간이었다. 10월 4일에 발사한 루나 3호는 달을 스쳐 지나가며 최초로 달의 뒷면을 촬영했다. 그때까지 그 누구도 보지 못했던 달의 뒷면이 마침내 모습을 드러냈다.

### 최초의 우주인

미국이 뒤처진 분야는 또 있었다. 생명체를 우주로 보냈다가 무사히 귀환시키는 일이었다. 여기서도 소련은 꾸준히 한 발씩 미국을 앞서나갔다.

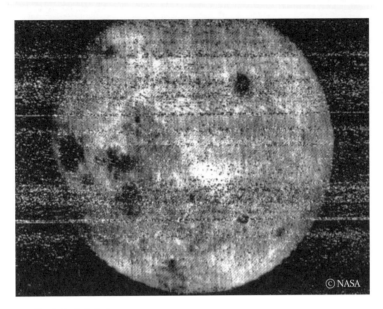

▲ 최초의 달 뒷면 사진.

1960년 소련은 벨카와 스트렐카라는 개 두 마리와 토끼, 쥐, 파리 등을 실어 우주로 보냈다. 이들은 불쌍한 라이카와 달리 무사히 귀환했다. 이런 개들은 우주로 나가기 전에 좁은 공간에서 로켓이 움직일 때와 비슷한 환경을 견디는 훈련을 받았다. 모두 암컷이었는데, 그건 개들이 입는 우주복의 배설물 수거 장치가 암컷에게만 적당했기 때문이다.

소련이 개를 이용했다면, 미국은 침팬지를 선호했다. 다음 해인 1961년 1월 미국은 폰 브라운이 개발한 머큐리-레드스톤 로켓에 침팬지 한 마리를 태워 발사했다. 이 침팬지에게는 이름도 없었다. 만약 실패해서 침팬지가 죽었을 경우에 대중에게 미칠 영향을 고려해서 일부러 이름을 붙이지 않았다. 성공해서 무사히 돌아온 뒤에야 햄이라는 이름을 붙여주었다.

햄은 여러 후보 침팬지 사이에서 훈련을 거쳐 선발된 존재였다. 실수하면 약한 전기 충격을 받는 방법으로 훈련을 받았고, 그 결과 매우 좁고 불편한 우주선 안에 꼼짝없이 묶인 상태에서도 거의 실수 없이 신호를 받으면 일정 시간 안에 손잡이를 누르는 일을 해냈다. 우주 비행을 한 최초의 유인원인 햄은 이후 은퇴하여 국립동물원에서 여생을 보냈다. 소련도 잇따라 개를 보내 지구 궤도를 한 바퀴 도는 실험에 성공했다.

어느 정도 자신이 생기자 이제는 사람 차례였다. 1961년 4월 12일 유리 가가린Yuri Gagarin이 보스토크 1호를 타고 최초로 우주로 올라간 사람이 되었다. 미국은 한 달 뒤 앨런 셰퍼드Alan Bartlett Shepard Jr가 프리덤 7호를 타고 우주에 다녀온 최초의 미국인이 됐다. 여전히 소련이 조금씩 앞서나가고 있었다.

미국 대통령이 된 지 석 달밖에 지나지 않은 케네디John Fitzgerald Kennedy는 국가적으로 분위기를 끌어올릴 계기가 필요했다. 전문가들을 불러모아 "우리가 소련에 앞설 수 있는 우주 계획이 무엇이 있겠는가?"라고 물었고, 그 대답은 유인 달 탐사였다. 머큐리-레드스톤 로켓의 안정성을 위해 실험을 더 해야 한다고 고집하다가 소련에 뒤처졌다는 비난을 받은 폰 브라운도 자신감을 내비쳤다.

마침내 케네디는 1960년대가 지나기 전에 사람을 안전하게 달로 보냈다가 다시 데려오는 계획을 의회에 제안했다.

"저는 우리나라가 1960년대가 끝나기 전에 달에 인간을 착륙시키고

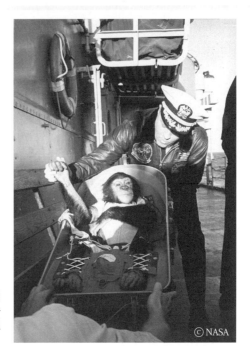

▶ 우주로 나갔다 무사히 귀
환한 햄. 두 번 다시 우주
선 근처에 가지 않으려 했
다고 한다.

ⓒNASA

다시 무사히 지구로 데리고 오는 목표를 달성하는 데 전력을 다해야
한다고 생각합니다. 장거리 우주 탐사 분야에서 인류에게 이보다 더
감명 깊고, 더 중요한 계획은 없을 겁니다. 이보다 더 어렵고 비용이
많이 드는 계획도 없을 겁니다."

— 1961년 5월 25일, 케네디 대통령이 의회에 보낸 특별 메시지 중


NASA는 다급해졌다. 지금까지 성공한 경험이라고는 얼마 전
셰퍼드가 고작 15분 동안 우주에 나가본 게 전부였다. 달 착륙까지
는 10년도 남지 않은 상태였다.

▲ 1961년 핀란드를 방문한 유리 가가린.

## 나를 알고 달을 알자

할 일이 많았다. 달을 향한 예행연습은 크게 둘로 나눌 수 있다. 하나는 유인 우주 비행 기술 확보다. 이전보다 훨씬 무거운 우주선을 발사할 수 있는 강력한 로켓, 사람을 태우고 달까지 안전하게 다녀올 수 있는 우주선, 엄청난 고열을 견디고 대기권으로 다시 들어올 수 있는 기술, 우주 공간에서 필요한 기동을 하거나 도킹하는 기술, 우주복을 비롯한 갖가지 생명유지장치, 우주선을 조종하고 비상시태에 대처할 수 있는 뛰어난 우주비행사 등을 10년 안에 확보해야 했다.

이 목적을 위해 미국은 머큐리 계획에 이어 제미니 계획과 아폴로 계획을 가동했다. 제미니 계획은 1961년부터 1966년까지 2인

▲ 1961년 5월 25일 의회에서 달 착륙 계획을 제안하는 케네디 대통령.

승 우주선을 이용해 달 착륙에 나설 아폴로 계획에 필요한 기초적
인 기술을 시험했다. 제미니 계획을 시작으로 미국은 점차 소련을
따라잡고, 마침내는 조금씩 앞질러 나갔다.

소련은 1964년 보스호드 1호 발사에 성공하면서 처음으로 2명
이상의 우주비행사가 동시에 비행하는 기록을 세웠고, 1965년 3
월 보스호드 2호 발사 때는 알렉세이 레오노프Alexey Leonov가 최초
로 우주유영에 성공했다. 미국은 제미니 4호에 탑승한 에드 화이
트Edward Higgins White가 소련보다 3달 늦게 미국인 최초로 우주유
영에 성공했다. 우주유영은 우주복이 진공으로부터 우주비행사를
제대로 보호하는지, 우주비행사가 우주에서 활동할 수 있는지 알
아보기 위해 꼭 필요한 단계였다. 달에 가게 된다면 밖으로 나가서
사진도 찍고 조사도 해야 했다.

1965년 12월에 발사한 제미니 7호에 이르러 미국은 소련에 앞서는 기록을 세웠다. 제미니 7호의 두 우주비행사가 우주에서 14일 동안 지내는 임무였다. 선장인 프랭크 보먼Frank Borman과 조종사 제임스 러벨James Arthur Lovell은 우주 공간에서 보내는 시간이 인체에 어떤 영향을 끼치는지 알아보기 위해 엄청난 검사를 받아야 했다. 떠나기 9일 전부터 돌아오고 4일 뒤까지 소변과 대변을 하나도 빠뜨리지 않고 모두 모아야 했고, 비행 도중에도 수시로 혈압, 심장 박동, 호흡 등을 검사해야 했다.

　　그런데 앞서 있었던 제미니 6호 임무에 문제가 생겼다. 제미니 6호와 도킹 실험을 할 예정이었던 무인우주선이 발사에 실패하고

▲ 랑데부 시험 중 제미니 6호에서 찍은 제미니 7호.

말았다. 논의 끝에 NASA는 계획을 바꿔 먼저 7호를 발사한 뒤 이어서 6호를 발사해 두 우주선이 랑데부하도록 했다. 14일 동안의 체류에 예정에 없던 랑데부 실험, 우주비행사 4명이 동시에 올라가는 상황 모두 전례가 없는 일이었다. 그리고 멋지게 성공했다. 제미니 7호와 6A호(이름 변경)는 거리가 30센티미터가 될 때까지 접근했고 그런 상태를 20분 동안 유지했다.

우주에서 우주선의 외부를 자세히 보는 건 처음이었던 터라 각우주선에 탄 비행사는 서로 상대방 우주선에 손상된 부분이 있는지 확인했다. 치명적인 사고로 이어질 수도 있는 데다가, 손상 부위를 귀환한 뒤에 발견하게 되면 발사 때 생긴 것인지 대기권 재진입 때 생긴 것인지 알 수 없었다.

달 착륙에 앞서 준비해야 했던 다른 하나는 달에 관한 정보 확보였다. 먼저 달의 지형과 상태를 알아야 어디에 착륙할지 결정할수 있었다. 미국은 1964년에야 레인저 7호를 달에 충돌시키는 데성공했다. 충돌하기 전까지 찍어서 전송한 사진을 바탕으로 달에관한 정보를 수집했다. 앞서 레인저 4호도 달에 충돌하기는 했지만, 뒷면에 충돌하면서 아무 정보도 보내오지 못했다. 이어서 레인저 8호와 9호가 잇따라 충돌에 성공하면서 각각 7,000장, 5,800장 정도의 사진을 보냈다.

1966년 2월 소련은 루나 9호를 달에 착륙시켰다. 충돌이 아닌착륙은 사상 처음이었다. 덕분에 달 표면에서 찍은 사진을 확보할수 있었다. 미국은 같은 해 서베이어 1호를 착륙시켰다. 이후 루나오비터, 서베이어를 잇달아 발사하면서 달 착륙에 필요한 상세한 지도, 가능한 착륙 지점, 지형, 착륙 시의 충격에 관한 정보, 토양의 성분 등 다양한 정보를 모았다.

소련은 우주 계획에서 중요한 역할을 맡고 있던 코롤료프가 1966년 세상을 떠나면서 주춤하는 분위기였지만, 1968년 9월 존트 5호가 달을 한 바퀴 돌고 지구로 돌아오는 데 성공했다. 여기에는 거북, 파리를 비롯한 동식물과 살아있는 인체 세포가 타고 있었다. 이들 지구 생명체는 달 상공까지 갔다가 무사히 지구로 귀환했다.

하지만 소련이 미국에 앞서거나 대등했던 것은 여기까지였다. 같은 해 미국은 이를 뛰어넘는 성과를 이뤄냈다. 달을 향한 경주에서 사실상 미국이 승기를 잡았던 것이다.

## 🌙 달을 향한 위대한 여정, 아폴로 계획

"우리는 달에 가기로 했습니다! 우리는 달에 가기로 했습니다. 우리는 60년대가 끝나기 전에 달에 갈 것이며, 다른 여러 가지 일도 할 겁니다. 쉬운 일이기 때문이 아니라 어려운 일이기 때문입니다. 그 목표가 우리의 역량과 기술을 최대한 끌어내 한계를 알아보게 할 것이기 때문입니다. 그 도전이 우리가 미루지 않고 기꺼이 받아들일, 그리고 다른 나라와 마찬가지로 우리가 승리하고자 하는 것이기 때문입니다."

1962년 9월 12일 케네디 대통령은 휴스턴의 라이스대에서 달 탐사의 정당성을 국민에게 설파했다. 이날의 연설은 20세기의 명연설 중 하나로 지금까지도 종종 회자된다.

연설이 감동적이고 아니고를 떠나 어려운 일은 어려운 일이었다. 명령권자야 말만 하면 그만이겠지만, 실제로 일을 해야 하는 사람들이 받는 압박감은 엄청났다. 미국이 달에 착륙하기까지의 과정을 그린 HBO의 드라마 〈지구에서 달까지〉의 1화는 제목은 '우리가 할 수 있을까?'였다. 정말 누구도 확신할 수 없었다.

일단 달에 가는 방법을 결정해야 했다. 여러 가지 방안이 나왔지만, 가장 그럴듯한 것은 세 가지였다. 첫째는 '직행 도달'이었다. 강력한 로켓을 타고 그대로 달까지 다녀오는 방법이었다. 가장 단순한 방법이었고, 그때는 육군에서 NASA로 자리를 옮긴 폰 브라운도 처음에는 이 방법이 가장 낫다고 생각했다. 다만 육중한 로켓이 착륙했다가 다시 이륙할 수 있을지는 미지수였다.

랑데부 방식도 있었다. 두 가지로 나뉘는데, 하나는 지구 궤도 랑데부였다. 지구에서 여러 번에 걸쳐 우주선 일부분을 쏘아 올린 뒤 지구 궤도에서 결합해 달에 다녀오는 방식이었다. 다른 하나는 달 궤도 랑데부로, 사령선과 착륙선으로 이루어진 우주선을 타고 달까지 간 뒤 착륙선만 달에 내려갔다 올라와 다시 사령선과 결합하는 방식이었다.

최종 결정은 달 궤도 랑데부였다. 달 궤도에서 도킹하는 기술은 시도도 해본 적이 없지만, 이 방법이 가장 시간과 비용이 적게 들었다. 폰 브라운의 연구팀도 검토 결과 달 궤도 랑데부, 지구 궤도 랑데부, 직행 도달로 지지 순서를 바꾸었다.

폰 브라운은 아폴로 계획 이전부터 대형 로켓인 새턴을 개발하며, 그보다 더 큰 노바 로켓을 계획하고 있었다. 직행 도달 방식이었다면 새턴으로도 모자라 노바가 필요했겠지만, 결국 아폴로 계획에 쓰일 로켓으로는 새턴이 선택받았다. 폰 브라운은 주피터의

뒤를 잇는 로켓이라는 의미에서 목성Jupiter 너머에 있는 토성Saturn
의 이름을 붙였다. 이후 새턴은 아폴로 계획이 진행되는 동안 단
한 번도 실패하지 않고 우주비행사를 우주까지 데려다주었다.

## 비극으로 시작된 아폴로 1호

어떻게 보면 예정되어 있던 사고였다. 1960년대에 달 착륙을
성공시키겠다고 공언한 케네디 대통령은 몇 년 전 암살당했지만,
여전히 정해진 시일에 맞추기 위해 모두가 다급하게 일하고 있었
다. 아폴로 우주선의 만듦새가 썩 좋지 않다는 이야기도 조종사들
사이에서 계속 흘러나왔다.

1967년 2월 21일, 거스 그리섬Gus Grissom과 에드 화이트(미국 최
초로 우주유영을 한 사람이다), 로저 채피Roger Chaffee는 시험발사를 앞
두고 발사 단계를 하나씩 모의로 진행하면서 점검하고 있었다. 문
제가 생기면 멈췄다 다시 시작하기를 반복하는 가운데 하필이면 통
신도 잘 되지 않고 있었다. 그러다 어느 순간 통신으로 "불이야! 조
종석에 불이 났다!"라고 외치는 소리가 들렸다.

불길은 순식간에 번졌다. 탈출하려고 했지만, 해치가 쉽게 열리
지 않았다. 해치를 열 수 있었어도 불이 너무 빠르게 번졌기 때문
에 탈출은 어려웠을 것이다. 결국, 아무도 탈출하지 못하고 세 명
모두 세상을 떠났다.

화재의 원인은 전선에서 튄 불꽃이었다. 당시 우주선 안은 100
퍼센트 산소로 차 있었다. 당시 NASA는 우주 공간에 있을 때 조종

석을 순수한 산소로 채웠다. 질소는 쓸데없이 무게만 차지하기 때문이었다. 게다가 우주에 있을 때는 압력을 지상의 3분의 1 수준으로 낮추지만, 지상에 있을 때는 선체를 보호하기 위해 외부 기압보다 내부의 압력을 높게 유지했다. 조종석을 고압의 순수 산소로 채운다는 발상은 누가 봐도 위험했고 실제로도 위험하다고 경고를 받기도 했다.

빡빡한 일정이 빚은 안타까운 사고였다. 사고 원인을 정확히 파악하기 위해 현장을 해체하는 작업도 몇 달이 걸렸다. 그래도 여기서 앞으로 더 큰 사고를 예방할 수 있는 교훈을 얻을 수 있었다. 이후 지상에서는 내부를 외부와 마찬가지로 산소와 질소로 채웠고, 조종실 안의 종이와 천은 모두 불에 잘 타지 않는 재료로 바뀌었다. 해치도 안에서 몇 초 만에 열고 나갈 수 있도록 개선했다.

비슷한 시기에 소련도 비극을 겪었다. 아폴로 1호 사고 3개월 뒤 소련은 2년여 만에 유인 우주 비행에 나섰다. 유인 달 착륙을 목표로 만든 소유스의 첫 발사였다. 비행은 순조롭지 않았다. 소유스 1호는 임무를 중단하고 착륙을 시도하던 도중 추락했다. 조종사인 블라디미르 코마로프Vladimir Komarov는 우주 비행 도중에 목숨을 잃은 첫 번째 사람이 되었다.

원래 그리섬과 화이트, 채피의 목숨을 앗아간 임무는 정식 명칭이 아닌 AS-204로 불리고 있었다. 사고 뒤 유족들은 이 임무를 아폴로 1호로 명명해 달라고 요청했고, NASA는 이를 받아들였다. 비록 달 착륙의 꿈을 이루지는 못했지만, 정식 임무에 이름을 올릴 수는 있었다. AS-204 이전에도 우주선을 탑재한 무인 실험 비행

▲ 아폴로 1호의 우주비행사 3명은 불의의 사고로 목숨을 잃었다.

이 두 개 있었던 터라 2호와 3호를 비워 둔 채 다음 정식 비행이 아폴로 4호가 되었다.

아폴로 4호와 5호, 6호는 모두 무인 비행으로 새턴V 로켓, 사령선, 착륙선 등을 시험하며 유인 비행을 앞두고 각 과정을 점검했다. 그리고 1년 9개월 만에 다시 아폴로 7호로 유인 우주 비행을 시작했다. 우주비행사 세 명이 지구 궤도로 올라가 사령선과 기계선의 비행을 점검했다. 유인 우주 비행으로는 처음으로 TV에 생중계하기도 했다.

## 대담한 시도로 역사를 쓴 아폴로 8호

아폴로 8호는 아폴로 계획의 두 번째 유인 우주 비행이었다. 원래 계획은 지구 궤도에서 사령선과 달 착륙선을 점검하는 것이었다. 달에 착륙할 때처럼 비행사 세 사람 중 두 사람이 착륙선에 옮겨 탄 뒤 분리해 지구 주위를 몇 바퀴 도는 시험이었다. 달 착륙선이 지구 궤도에서 비행하는 건 이번이 처음이었다.

그런데 일이 예정대로 흘러가지 않았다. 달 착륙선 제작이 늦어지고 있었다. 아폴로 8호 발사 전에는 준비가 어려워 아폴로 9호로 넘어가게 될 상황이었다. 게다가 새턴V 로켓은 발사에는 성공했지만, 여전히 불안한 모습을 보였다. 그런 와중에 소련은 존트 5호와 존트 6호를 달에 보낼 계획을 하고 있었다.

이런 압박 속에서 미국은 분위기 반전을 위해 대담한 결정을 내렸다. 아폴로 8호를 바로 달에 보내기로 한 것이다. 착륙선 없이 가서 궤도를 돌기만 하고 오는 계획이었지만, "미친 소리"라고 말하는 사람이 있을 정도였다. 새턴V 로켓이 사람을 태우는 것도 처음이었다. 그럼에도 폰 브라운은 발사에 성공하기만 하면 지구 궤도에서 활동하든 달을 돌고 오든 별 차이 없다며 이 계획을 지지했다.

발사에 앞서 여러 가지 준비가 필요했다. 일단 우주선이 달과 정확히 만났다가 다시 돌아와 안전하게 바다에 떨어질 수 있어야 했다. 달이 지구를 도는 속도는 시속 3700킬로미터로, 절대 쉬운 일이 아니었다. 그리고 앞으로 실제 착륙할 장소를 관찰할 수 있도록 그 시점의 태양 빛 각도도 생각해야 했다. 마침내 정해진 일정에 따르면, 아폴로 8호는 크리스마스이브에 달 궤도에 진입할 예정이었다.

우주비행사의 건강도 중요한 문제였다. 당시 유행하던 독감에 걸리지 않도록 NASA는 해당 우주비행사뿐만 아니라 1,000명이

우주로 가는 문 달 ─

넘는 발사 관계자에게 백신을 맞혔다. 발사 2주일 전부터는 우주 비행사가 가족과 만나는 일조차 금지했다. 그럼에도 막상 비행 도중 선장인 프랭크 보먼이 구토와 설사 증세를 보며 모두 긴장하는 일이 벌어졌다. 바이러스나 강한 방사선이 원인이라면 도중에 취소해야 할지도 모르는 일이었다. 다행히 곧 증세는 나아졌다. 훗날 내린 결론은 최초의 우주 멀미였다.

1968년 12월 21일 지구를 떠난 아폴로 8호는 예정대로 12월 24일 달 궤도에 들어섰다. 몇 달 전 소련의 존트 5호에 타고 있던 동물과 달리 아폴로 8호의 '인간' 승무원은 달을 가까이서 본 감상

▲ 아폴로 8호의 발사 장면.

▲ 반달 모양의 지구가 달의 지평선 위로 올라오는 모습을 찍었다. 달에서 보는 지구도
지구에서 보는 달처럼 모양이 변한다.

을 들려주었다. "특별한 색깔이 없는 회색이고, 회반죽으로 만든
파리시나 회색빛 바닷가 모래밭 같다"라는 무미건조한 감상이었
지만, 분명히 역사적인 순간이었다.

아폴로 8호는 달을 10바퀴 돌면서 달의 지형을 관찰하고 사진
을 촬영했다. 특히 달 착륙 후보지에 관해서는 더 자세한 자료를
수집해야 했다. 달의 뒷면도 처음으로 두 눈으로 관찰할 수 있었
다. 그동안 우주선 안에서 벌어지는 일을 TV로 생중계했다. 크리
스마스를 앞두고 지구의 수많은 사람이 달의 풍경을 실시간으로

볼 수 있었다.

달 주위를 돌면서 역사상 처음으로 보게 된 또 다른 진귀한 광경은 바로 달의 지평선에서 지구가 솟아오르는 지구돋이였다.

"오, 맙소사! 저것 좀 봐요! 지구가 뜨고 있어. 우와, 멋진데."

(농담으로) "이봐, 그거 찍지 말라고. 예정에 없는 일이야."

(웃으며) "컬러 필름 있어요, 짐? 컬러 필름 좀, 빨리……."

윌리엄 앤더스는 창밖으로 지구가 떠오르는 멋진 광경을 보고 재빨리 역사에 남을 사진을 찍었다.

아폴로 8호는 전 세계에 미국의 기술력을 알렸으며, 달 착륙을 향한 경쟁에서 앞서 나가고 있음을 확인해 주었다. 당시 미국은 마틴 루터 킹 목사와 대통령 후보인 로버트 케네디 상원의원 암살, 시위와 폭동, 베트남 전쟁에 대한 나쁜 여론 등으로 혼란스러운 한 해를 보내고 있었다. 보먼은 귀환한 뒤에 누군가에게서 다음과 같은 전보를 받았다.

"감사합니다, 아폴로 8호. 여러분이 1968년을 구했습니다."

## 인류의 거대한 도약, 아폴로 11호

마침내 1969년이 왔다. 케네디 대통령이 약속한 1960년대의 마지막 해였다. 아폴로 9호와 10호가 두 달 간격을 두고 차례로 올라갔다. 9호는 8호 때 할 예정이었던 달 착륙선 시험 비행을 지구 궤도에서 수행했다. 달 궤도에서 해야 하는 사령선과 착륙선의 분리, 도킹을 연습했다.

아폴로 10호는 달 착륙의 최종 연습이었다. 마지막 착륙 과정만 빼고 실제 달 착륙과 똑같이 달까지 간 뒤 우주비행사 두 명이 착륙선에 타고 달 상공 15킬로미터까지 내려갔다 돌아왔다. 또, 다음 비행을 위해 아주 중요한 일을 해야 했다. 착륙 예상 지점을 레이더로 조사하며 산과 돌출 부위의 높이를 정밀하게 측정하는 일이었다. 착륙선이 비행하다가 부딪치는 일을 방지하기 위해서였다. 가능한 위험은 최대한 피해야 했다. 달 착륙 과정에서 어떤 일이 일어날지는 아무도 몰랐다. 착륙선이 먼지 구덩이에 내려앉아 가라앉아 버릴 수도 있는 일이었다.

아폴로 10호가 지구로 돌아오는 도중 NASA는 아폴로 11호의 달 착륙 계획을 발표했다. 발사는 7월 16일이었다.

아폴로 11호의 선장은 6.25 전쟁에도 참전한 바 있는 닐 암스트롱Neil Armstrong이었다. 이 당시에는 민간인 신분이었다. 그리고 사령선 조종사는 마이클 콜린스Michael Collins, 착륙선 조종사는 버즈 올드린Buzz Aldrin 이었다. 사령선과 착륙선의 콜사인은 각각 콜럼비아와 이글이었다. 아메리카 대륙을 발견한 크리스토퍼 콜럼부스와 미국의 상징인 흰머리수리에서 딴 이름이었다. 아폴로 10호 때는 각각 찰리 브라운과 스누피였다. 우리나라로 치자면 둘리와 또치로 지은 셈이랄까. 원래는 아폴로 11호에도 가벼운 이름을 붙일 계획이었지만, 이런 중요한 임무에 나서는 우주선에는 진지하고 멋진 이름을 붙여야 한다는 이유로 바뀌었다.

역사적인 임무에 나설 세 우주비행사는 철저한 준비 과정을 거쳤다. 병원균에 감염되지 않도록 기자 회견 때도 유리 벽을 사이에 두고 이야기를 나눴다. 환풍 장치도 설치해 기자들 쪽의 공기가 우주비행사 쪽으로 오지 못하게 막았다. 심지어 한 의사는 대통령의 저녁 식사 초대에도 제동을 걸어 곤란한 일이 생기기도 했다.

소련도 가만있지는 않았다. 비록 유인 달 탐사에서는 졌지만, 무인 탐사선인 루나 15호를 보내 달에서 흙 표본을 가져오며 위안으로 삼으려 했다. 발사는 아폴로 11호보다 3일 먼저였다. 루나 15호는 결국 달에 추락하면서 실패로 끝났지만, 그조차도 늦었다.

"한 사람에게는 작은 발걸음이지만, 인류에게는 위대한 도약입니다."

루나 15호가 여전히 달을 향해 다가가고 있던 1969년 7월 20일 아폴로 11호의 선장 닐 암스트롱은 인류 최초로 달 표면에 발을 디디며 이렇게 말했다.

전 세계에서 6억 명 이상이 TV를 통해 이 순간을 실시간으로 시청했다. 암스트롱에 이어 버즈 올드린도 달에 내렸다. 암스트롱

▲ 역사상 최초로 지구 밖의 천체에 사람의 발자국을 남겼다. 발자국을 찍는 건 달 흙의 성질을 알아보는 실험이기도 했다.

은 6분의 1 중력에서 걷는 일이 "생각보다 쉽다"라고 말했다. 달 표면에서 보낸 2시간 30분 동안 두 사람은 TV 중계용 장비를 설치하고, 흙 표본을 채취하고, 지진계나 거리 측정을 위한 반사판 같은 실험 장치를 설치했다.

자연스럽게 성조기도 달 표면에 우뚝 섰다. 사실 아폴로 11호 발사 이전에 우주조약이 맺어져 어떤 국가도 달을 자신의 영토로 선언할 수 없었다. 성조기를 세운다고 해서 달이 미국의 영토가 되는 것은 아니었다. NASA 내부에서는 UN 깃발을 세우는 안도 검토했지만, 미국 의회에서 격렬하게 반대했기 때문에 결국 성조기를 가져갔다.

의외로 이 성조기는 특별할 게 없는 보통 깃발로, 5.5달러를 주고 가게에서 샀다고 한다. 불행히도, 암스트롱이 세운 성조기는 오래 가지 못했다. 달 착륙선이 이륙하면서 바람에 날려 쓰러지고 말았던 것이다. 그래서 그 뒤로 달에 착륙한 사람들은 깃발을 착륙선에서 멀리 떨어진 곳에 세웠다.

아폴로 11호의 성공으로 미국과 소련의 달 착륙 경쟁은 마침내 미국의 승리로 끝났다. 하지만 아직 달 탐사는 끝나지 않았다.

## 정확한 착륙에 성공한 아폴로 12호

몇 달 뒤 아폴로 12호가 지구를 떠났다. 발사 현장에는 리처드 닉슨Richard Nixon 대통령도 참석했다. NASA는 이번 임무에서 새로운 목표를 세웠다. 아폴로 11호가 원래 목표에서 한참 떨어진 곳에

▲ 닐 암스트롱이 찍은 버즈 올드린의 모습. 카메라가 암스트롱에게 있었기 때문에 정작 선장인 암스트롱의 사진은 거의 없다.

착륙했던 것과 달리 이번에는 목표 지점에 정확히 착륙시킬 생각이었다. 목표는 1967년에 착륙한 무인탐사선 서베이어 3호였다.

비가 오는 가운데 이륙한 지 36초 만에 로켓과 발사대 사이에서 두 줄기 번개가 번쩍였다. 번개에 맞은 줄 알고 시스템을 점검했지만, 다행히 별 이상이 없다고 판단해 그대로 임무를 진행했다. 번개에 맞은 게 아니라 방전이 일어났던 것이다.

착륙 과정은 대부분 자동으로 이루어졌고, 마지막 몇백 미터를 하강할 때만 선장인 피트 콘라드Pete Conrad가 수동으로 조작했다.

착륙은 성공적이었다. 콘라드는 달에 첫발을 디디며 "휘유! 닐에게는 작은 발걸음이었을지 모르겠지만, 나한테는 영 쉽지 않은걸"이라고 말했다. 닐 암스트롱의 말에 빗댄 농담이었다.

이들은 달 표면에 머무는 동안 선외 활동에 두 번 나섰다. 두 번째 선외 활동 때는 서베이어 3호로 걸어가서 일부분을 떼어 지구로 가지고 돌아왔다. 나중에 지구에서 분석한 결과 지구에서 묻어간 박테리아가 달 표면에서 2년 6개월 이상 생존했다는 결과가 나왔지만, 여기에는 논란의 여지가 있다.

——◀ ☾ ▶——

## 달에서 보는 〈플레이보이〉

달에서 임무를 수행하던 피트 콘라드와 알 빈은 체크리스트를 확인하다가 깜짝 놀랐다. 중간 중간에 플레이보이 모델의 야한 사진이 끼어 있었던 것이다. 게다가 사진에는 '애들이 보기에는 부적절한' 농담까지 곁들여져 있었다. 긴장을 풀어주려는 NASA 직원들의 장난이었다.

©NASA

우주로 가는 문 달 —

202

# 기적적으로 돌아온 아폴로 13호

아폴로 13호의 선장 짐 러벨은 이미 아폴로 8호를 타고 달에 다녀온 적이 있었다. 그때는 가까이서 달을 보기만 하고 돌아왔지만, 이번에는 선장으로 달에 발자국을 남길 수 있었다.

하지만 시작부터 불안했다. 예비 승무원 중 한 명인 찰스 듀크 Charles Duke Jr.가 풍진에 걸리며 다른 모두를 풍진에 노출시켰다. 다른 다섯 명 가운데 유일하게 풍진 항체가 없었던 켄 매팅리는 비행 도중 풍진에 걸릴 수 있다는 이유로 탈락하고, 예비 승무원 잭 스위거트Jack Swigert가 그 자리를 대신했다. 또, 발사 직후에도 2단 로켓의 중앙 엔진이 예정보다 2분 빨리 연소를 멈췄다. 다행히 나머지 엔진 4기를 좀 더 연소하면 된다는 계산이 나와 임무를 계속할 수는 있었다.

그 뒤로 달까지 가는 길은 순조로웠다. 아폴로 13호의 사령선은 오디세이였다. 당연히 영화 〈2001 스페이스 오디세이〉가 떠오르지 않을 수 없었고, 선내에는 그 영화에 쓰였던 음악 '차라투스트라는 이렇게 말했다'가 울려 퍼졌다. 러벨은 이 웅장한 음악을 들으며 조만간 달 위를 걸을 생각에 부풀었을 것이다.

그러나 결국은 안 될 운명이었던 모양이다. 달까지 6만 킬로미터 정도를 남겨둔 시점에서 아폴로 13호의 비행사들은 쿵 하는 소리를 들었다.

"오케이. 휴스턴……, 여기 문제가 생겼다."

스위거트가 관제센터에 보고하자, 관제센터에서 다시 한번 이

▲ 분리 직후에 찍은 아폴로 13호의 기계선. 손상된 부분이 보인다.

야기해달라고 했다. 이번에는 러벨이 말했다.

"음, 휴스턴, 문제가 생겼다."

이는 닐 암스트롱이 달에 내려서면서 한 말에 이어 아폴로 계획에서 두 번째로 유명한 말이 되었다. 처음에는 단순히 작은 운석에 부딪쳤다고 생각했는데, 얼마 뒤 러벨은 창문을 통해 "가스 같은 게 흘러나오는 게 보인다"고 보고했다. 운석 충돌이 아니라 기계선의 산소 탱크가 폭발해 버렸던 것이다.

이 사고로 인해 달 착륙은 불가능해졌다. 승무원은 모두 산소가 있는 달 착륙선으로 옮겨탔고, 달 착륙 임무는 졸지에 생존을 위한 싸움으로 바뀌었다. 그나마 귀환 가능성이 있는 게 다행이었다. 만약 달 착륙 이후에 사고가 일어났다면 생존할 가능성은 없었다.

아폴로 13호는 달 주위를 돌면서 달의 중력을 이용해 지구로 귀환하는 궤도에 올랐다. 이로써 짐 러벨은 두 번이나 달에 가고서도 착륙하지 못한 사람으로 남게 되었다.

목숨이 위태로운 상황에서도 이들은 달 주위를 돌며 아주 뛰어난 달 근접 사진을 찍었다. BBC에서 우주항공 전문기자로 일했던 레지널드 터닐Reginald Turnill은 저서《달 탐험의 역사》에서 러벨이 사진을 찍는 두 승무원을 보며 "지금 이 조종을 제대로 해내지 못하면 그 사진은 결코 현상해볼 수 없을 거야"라고 잔소리를 하자 다른 두 명이 "선장님은, 이곳에 와 보셨지만, 저희는 처음이란 말입니다"라고 천연덕스럽게 대꾸했다고 적었다.

달의 주위를 돌며 아폴로 13호는 지구에서 가장 멀리 떨어져 본 우주선이라는 기록을 세웠다. 달 궤도 진입 때보다 높은 곳에서 돌았기 때문이다.

이들은 어떻게 무사히 돌아올 수 있었을까. 산소는 사령선의 산소로 버틸 수 있었다. 문제는 전력이었다. 사령선에 있던 연료전지를 쓰지 못하게 되면서 지구로 돌아갈 때까지 전력을 최대한 아껴야 했다. 당장 필요하지 않은 장비는 꺼서 전력을 아꼈고, 승무원은 난방이 되지 않는 우주선 안에서 추위에 떨어야 했다. 창문은 얼어붙었고, 너무 추워서 달 표면용 부츠를 꺼내 신었다. 사령선에 머물 예정이었던 스위거트는 그 부츠도 없어서 덜덜 떨어야 했다. 연료전지의 부산물인 물을 얻을 수 없게 되자 먹을 물도 부족했다.

또 다른 문제는 이산화탄소였다. 사람이 호흡할 때 나오는 이산화탄소를 적절히 제거해야 하는데, 착륙선에 있는 여과 장치만으로는 부족했다. 그래서 사령선에 있는 여과 장치를 가져다 써야 했지만, 규격이 달라 그대로 사용할 수 없었다. 지상의 관제센터에서

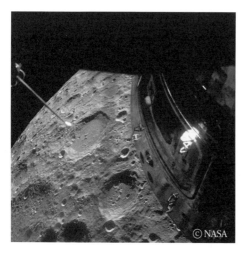

▲ 아폴로 13호의 승무원은 달을 보기만 하고 지나쳐 와야 했다.

부랴부랴 방법을 고안해 아폴로 13호에 전달한 끝에 임시로 여과
장치를 만들 수 있었다.

지구 재진입을 앞두고 승무원은 다시 사령선으로 갈아탄 뒤 3
일 동안 목숨을 지켜 준 착륙선을 분리했다. 재진입 과정에서는 사
령선 주변의 이온화된 공기 때문에 통신이 두절되는 시간이 생긴
다. 아폴로 13호 때는 통신 두절 시간이 90초 정도 더 길었다. 그동
안 관제센터에서는 문제가 생겼을까 봐 가슴을 졸였다.

다행히 모두 무사했다. 이 당시의 모습은 1995년 톰 행크스 주
연의 영화 〈아폴로 13〉에서 매우 감동적으로 다뤘다. 우주 비행에
관심이 있다면 한 번쯤 찾아볼 만한 영화다.

아폴로 13호가 지구로 무사히 돌아온 일은 기적과도 같았다. 여
러 가지 문제가 복합적으로 겹쳐서 생긴 사고였고, 여기에는 두 번

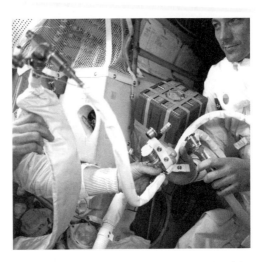

▲ 이산화탄소 여과 장치를 임시변통으로 만들어야 했다.

의 성공 이후 생긴 자만심과 나태함도 분명 있었다. 이후 같은 사고가 일어나지 않도록 여러 가지 설계 변경이 있었다.

한편, 구명보트 역할을 톡톡히 해낸 착륙선은 1970년 4월에 대기권에 돌입해 불타 없어졌다. 그때 플루토늄을 쓰는 소형 발전 장치 하나는 불타지 않고 뉴질랜드 북동쪽 바다에 가라앉았다. 앞으로 2000년 동안은 계속 방사선을 방출할 것이다.

하마터면 대참사가 될 뻔한 사고는 다행히 해피엔딩으로 끝이 났다. 그러나 무사 생환에도 불구하고 아쉬움을 떨칠 수 없었다. 아폴로 13호의 승무원 세 명은 이후 달로 가는 비행에 다시는 나서지 못했다.

## 최초로 우주 스포츠를 즐긴 아폴로 14호

아폴로 14호의 선장 앨런 셰퍼드는 당시 NASA의 최고령 우주 비행사였다. 머큐리 계획에도 참여했었고, 결국 머큐리 계획의 조종사 7명 중에서 유일하게 달에 갈 수 있었다. 셰퍼드는 달에 내려가 몇 걸음 걸은 뒤 "오랜 시간이 걸렸지만, 이렇게 여기 왔다"라고 소감을 남겼다. 무척이나 감개무량했을 것이다.

아폴로 14호는 여러 가지 과학 장비를 설치하고, 표본을 45킬로그램이나 채취해 지구로 가져왔다. 표본을 나르는 데 처음으로 수레를 사용했고, 가까운 크레이터까지 1.6킬로미터를 걸어가 경계를 찾는 시도도 했다. 하지만 끝내 경계는 찾지 못했고 체력과 산소 부족으로 도중에 돌아와야 했다. 나중에 사진으로 분석한 결

▲ 케네디 우주 센터의 새턴V 센터에 전시된 아폴로 14호의 사령선.

과 이들은 크레이터의 경계에 20미터 안쪽까지 접근했다는 사실이 드러났다.

한편, 셰퍼드는 착륙선으로 다시 들어가기 전 예정에 없던 행동을 해서 깜짝 놀라게 했다. 몰래 가지고 온 아이언 클럽의 헤드와 골프공 두 개로 골프를 쳤던 것이다. 헤드를 삽 손잡이에 붙여 만든 골프채를 휘두른 결과 첫 번째 공은 빗맞았지만, 두 번째 공은 아주 먼 거리를 날아갔다. 재미있는 이벤트였지만, 달에서 골프나 치려고 우주 개발을 하느냐며 비난하는 목소리도 있었다.

## 문 트리, 달에 다녀온 나무

아폴로 14호의 사령선에는 나무 씨앗 500개가 실려 있었다. 달까지 다녀오는 동안 씨앗에 어떤 변화가 생기는지 알아보기 위해서였다. 모두 5종으로 이루어진 씨앗은 무사히 귀환한 뒤 대부분 싹을 틔우는 데 성공했다. 이들 나무는 각각 여러 장소로 자리를 옮겨 계속 성장했고, 50년이 지난 지금 지구의 여느 나무와 아무런 차이를 보이지 않고 있다. 지금은 이 나무들의 소재를 전부 파악하지 못하고 있다. 원하는 곳이 많아 여기저기서 받아 간 데다가 체계적으로 관리를 하지 않았기 때문이다. 어쨌든 달에 다녀온 생명체로는 나무가 인간보다 그 수가 훨씬 많은 셈이다.

© Jesse Berry

▶ 미국 아칸사스주 세바스티안 카운티에서 자라고 있는 문 트리 한 그루.

## 과학을 위한 임무, 품위 유지에는 실패한 아폴로 15호

아폴로 15호에는 이전에 없던 장비가 실려 있었다. 바로 월면차였다. 시속 10~12킬로미터로 달리는 월면차는 달 위에서 우주비행사의 활동 범위를 더 넓혀 줄 수 있었다. 우주복도 신형이었다. 달에 착륙한 뒤 예정에 따라 선장 데이비드 스콧David Scott과 착륙선 조종사 제임스 어윈James Irwin은 먼저 잠을 자야 했다. 그런데 시간 여유가 잠시 있어 스콧이 착륙선 위쪽의 해치를 열고 상반신을 내밀어 30분 동안 주변을 관찰하고 사진을 찍었다. 그동안 나중에 이어질 선외 활동 계획을 세울 수 있었다.

© NASA

▲ 선장 데이비드 스콧가 지질학 훈련 도중 찍힌 모습.

▲ 이 임무에서 최초로 월면차를 사용했다.

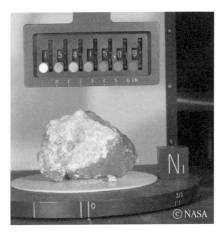
▲ 창세기의 돌.

사실 아폴로 15호 승무원은 달에 가기 전에 지질학 훈련을 집중적으로 받았다. 지질학자 리 실버가 강사로 나서 야외 현장을 돌아다니며 지질학자의 눈으로 지형과 표본을 보는 방법을 가르쳤다.

▲ 그때까지 희생당한 우주비행사를 기리는 명판.

전원 공군 출신이었던 승무원이 지질학 소양을 갖춘 결과 이전보다 과학적으로 의미 있는 표본을 더 채취할 수 있었다.

　그중 가장 유명한 것이 '창세기의 돌'이다. 처음에 발견했을 때는 초창기 달의 일부라고 생각했지만, 나중에 분석한 결과 나이는 41억 년이었다. 달의 나이보다는 젊지만, 그래도 달 초기의 모습을 보여주는 표본으로 과학적인 가치를 지니고 있다.

　스콧은 간단하면서도 의미 있는 과학실험을 지구에 보여주기도 했다. 도구는 간단했다. 작은 망치와 깃털 하나. 각각 한 손에 들고 동시에 떨어뜨리자 두 물체는 동시에 땅에 떨어졌다. 진공 속에서는 질량과 상관없이 물체가 같은 속도로 낙하한다는 갈릴레오의 이론을 증명하는 실험이었다.

이들은 달에 그때까지 우주 개발을 위해 목숨을 잃은 우주비행사 14명의 이름이 새겨진 명판을 두고 왔다. 여기에는 아폴로 1호 연습 때 목숨을 잃은 우주비행사 세 명은 물론 유리 가가린, 블라디미르 코마로프 같은 소련의 우주비행사 이름도 담겨 있다. 다만, 소련이 비밀로 했던 터라 당시에는 알려지지 않았던 소련의 사망자 두 명은 올라가지 못했다.

이는 사전에 대중에 공개하지 않고 한 일로, 임무를 마치고 돌아온 뒤에야 그 사실을 발표했다. 그런데 이후 명판의 제작자가 사본을 만들어 판매하려고 했다가 NASA의 항의를 받고 철회하는 볼썽사나운 일이 벌어지기도 했다.

아폴로 15호 승무원은 부적절한 처신 때문에 구설에 휘말리기도 했다. 이들은 발사 날짜가 찍힌 편지봉투를 달까지 가지고 갔다오는 대가로 돈을 받았다. 이 돈은 자녀 교육을 위해 저축해 둘 계획이었다. 이들과 계약한 업자는 '달에 갔다 온' 편지봉투를 비싸게 팔았고, NASA는 이 사실을 알게 되자 이들을 징계했다. 업자에게 받은 돈은 그 전에 돌려준 상태였지만, 이미 늦었다. 아폴로 15호의 승무원은 두 번 다시 우주 비행에 나서지 못했다.

## 아직 끝나지 않은 달 탐사, 아폴로 16호

아폴로 16호가 출발하던 시기 NASA의 분위기는 좋지 않았다. 정치권에서는 이미 소련을 이겼는데 막대한 돈이 드는 달 착륙을 왜 계속해야 하느냐는 의문을 제기했다. NASA의 예산도 점점 줄

▲ 그늘에 있는 흙의 표본을 채취하고 있다.

▲ 착륙선 조종사 찰스 듀크는 돌아오기 전 달에 자신의 가족 사진을 남겼다. 하지만 강한 자외선과 혹독한 환경 때문에 이미 바래서 알아볼 수 없게 변했을 가능성이 크다.

어들고 있었다. 결국, 예정에 있었던 아폴로 17호를 제외하고 모두 취소되고 말았다. 그런 상황에서 아폴로 16호는 자잘한 고장을 계속 일으켜 한때는 중도에 임무를 취소하고 귀환해야 할지를 고민하기도 했다.

아폴로 16호 승무원은 달 표면에 3일 동안 머물며 20시간 넘게
선외 활동을 하는 기록을 세웠다. 월면차의 성능을 시험하면서 시
속 18킬로미터까지 달렸다. 화산 활동으로 생긴 지형이라고 생각
했던 착륙 지점에서는 화산 활동의 흔적을 발견하지 못했다. 이들
이 가져온 월석을 분석한 결과 충돌로 생겼다는 사실이 드러났다.

## 달에 간 마지막 인간, 아폴로 17호

1972년 12월 11일 마지막 아폴로 우주선이 달에 착륙했다.
마지막으로 달에 발을 디딘 두 사람은 선장인 유진 서넌Eugene A.
Cernan과 지질학자로 달에 간 최초의 과학자가 된 착륙선 조종사
해리슨 슈미트Harrison Hagan Schmitt였다. 두 사람은 3회의 선외 활동
을 하며 110킬로그램이 넘는 암석을 채집했다. 선외 활동 시간과

◀ 아폴로 17호 승무원은 달의
땅을 밟은 (아직까지는) 마지
막 인간이 되었다.

ⓒ NASA

▲ 아폴로 17호에서 찍은 지구의 모습. 역사적으로 가장 유명한 지구의 사진이다.


암석 채집량 모두 최고 기록이었다.

아폴로 17호는 달을 향해 가던 도중 역사적인 사진을 한 장 남겼다. '푸른 구슬'이라고 불리는 이 사진은 지구 전체가 태양 빛을 받아 아름답게 빛나는 모습을 보여준다. 마침 태양을 등지고 있었던 덕분에 어느 한 곳 그림자 지지 않은 푸른 구슬 같은 모습을 담을 수 있었다. 인류 역사상 가장 널리 퍼진 사진이라고도 한다.

서넌은 모든 활동을 마치고 착륙선으로 들어가기 전에 다음과 같은 소감을 남겼다.

"저는 달 표면에 서 있습니다. 그리고 인류의 마지막 발자국을 남기며 곧 고향으로 돌아갑니다. 그러나 머지않은 미래에 역사가 기록하리라 믿고 있는 바를 말씀드리겠습니다. 우리는 오늘날 미국의 도전이 인류의 미래를 만들었다는 점을 믿습니다. 우리는 타우루스-리트로우에서, 처음에 왔듯이, 달을 떠납니다. 그리고 바라건대 우리는 돌아올 것입니다. 전 인류의 평화와 희망과 함께. 아폴로 17호의 승무원에게 행운을 빕니다."

## 달 착륙선의 이륙을 포착하다

아폴로 17호의 착륙선이 다시 이륙하는 모습이 월면차의 카메라에 찍혔다. 별 것 아닌 것 같지만, 두 번의 실패 뒤 마지막 기회에 이르러서야 간신히 성공한 일이다. 이 카메라는 지구의 관제센터에서 원격으로 조종하는데, 착륙선이 상승하는 것에 맞춰 카메라가 위로 돌아가도록 조작해야 한다. 지구에서 달까지는 빛의 속도로 1.3초가 걸리므로 지구에 있는 카메라 담당은 이 시간 차이를 염두에 두고 착륙선이 화면 안에 들어오도록 카메라를 조작해야 했다. 아폴로 15, 16호에서는 실패했지만, 17호 임무 때는 놓치지 않고 성공할 수 있었다.

# ☽
# 다시 불붙은
# 달 탐사 경쟁

　달을 향한 경주는 마침내 승부가 났다. 직접 가본 달은 생명체가 살 수 없는 불모의 땅이었다. 달을 바라보는 시각도 달라질 수밖에 없었다. 온갖 상상력을 불러일으키며 인류의 삶에 지대한 영향을 끼쳤던 달, 천상계에 속했던 달은 어느새 과학적 호기심의 대상이 되었다.

　아폴로 17호를 마지막으로 더는 사람이 가지 않았지만, 한동안 달 탐사는 계속 이어졌다. 유인 달 탐사에서 패배한 소련은 무인 탐사 쪽으로 방향을 돌렸다. 1970년 9월에 떠난 루나 16호는 달에 착륙해서 표본을 가지고 돌아왔다.

　얼마 뒤에는 루나 17호가 로버 루노호트 1호를 가지고 달로 떠났다. 루노호트 1호는 최초의 월면 로버로 달 위에서 거의 1년 동안 태양 전지로 작동하며 10킬로미터 이상을 움직였다. 1973년 1월, 루나 21호를 타고 간 루노호트 2호는 37킬로미터를 움직였다.

이는 아직도 월면 로버가 가장 멀리 이동한 기록이다. 소련은 1976년까지 루나 시리즈를 계속 발사하며 달 탐사를 이어갔다.

## 새로운 도전자의 등장

1976년의 루나 24호를 마지막으로 달은 한참 동안 관심사에서 멀어졌다. 정치적인 목적이 달성된 이상 달 탐사에 계속 큰돈을 들일 수는 없었다. 달을 발판으로 곧 태양계로 진출할 것만 같았던 장밋빛 미래도 요원한 일이 되고 말았다.

달 탐사에서 밀려난 소련은 1960년대 후반부터 금성으로 관심을 일부 돌렸고, 1975년 베네라 9호와 10호를 착륙시켜 최초로 금성 표면의 사진을 찍는 데 성공했다. 우주에 오랫동안 머무르며 장기간의 우주 체류가 인체에 미치는 영향을 비롯해 다양한 실험을 할 수 있는 우주정거장에도 관심을 쏟아 1971년에는 살류트 1호를 쏘아 올리기도 했다.

미국도 우주정거장 제작에 뛰어들어 스카이랩을 만들었다. 또, 1981년부터는 여러 차례 재사용할 수 있는 우주선인 우주왕복선을 만들어 운용했다. 인공위성을 수리하거나 우주정거장을 조립하는 등 다양한 역할을 할 수 있었지만, 생각보다 비용이 많이 들어 기대했던 것만큼 효율적이지는 않았다는 지적을 많이 받았다.

전부터 계획하던 달 기지는 끝내, 그리고 지금까지도 이루어지지 못했다. 물론 태양계를 벗어난 최초의 인공 물체가 될 보이저 1, 2호의 외행성 탐사, 바이킹이나 패스파인더의 화성 탐사, 국제우

▲ 국제우주정거장과 화성 로버 큐리오시티. 달에는 다시 가지 못했지만,
우주개발은 꾸준히 발전해왔다.

주정거장ISS 건설과 같은 발전이 있었다. 하지만 달에 도시를 건설한다거나 달로 여행을 가는 미래가 곧 다가온다고 생각했던 수많은 사람은 기대보다 지지부진한 현실에 실망했을 것이다.

하지만 달을 언제까지 잊고 있을 수는 없었다. 21세기 들어 달 탐사에 관한 관심은 다시 불타오르기 시작했다. 이번에는 미국과 소련만 있는 게 아니었다. 그동안 우주 기술을 확보한 여러 나라가 달 탐사에 뛰어들었다. 일본, 인도, 중국 같은 신흥 우주 강국이었다.

## 잊고 있던 달 경쟁에 불을 붙이다

미국과 소련에 이어 가장 먼저 달 탐사에 뛰어든 나라는 일본이었다. 일본은 1960년대 후반부터 고체연료 로켓을 개발했고, 1970년대에는 이를 이용해 인공위성을 쏘아 올릴 수 있는 수준에 이르고 있었다. 1970년대 중반에는 미국에서 수입한 1단 로켓과 자체 개발한 2단 로켓으로 N-I로켓을 만들어 발사하며 액체연료 로켓 개발에도 뛰어들었다. 결국, 1994년에는 자국 기술로 만든 액체연료 로켓 H-II 발사에도 성공했다.

일본은 1990년 달 탐사선 히텐을 발사했다. 일본 최초의 달 탐사선이자 소련의 루나 24호 이후 14년 만에 처음으로 달을 방문한 탐사선이었다. 이로써 일본은 미국과 소련에 이어 세 번째로 달 탐사선을 쏘아 올린 나라가 되었다.

2007년 두 번째로 발사한 셀레네는 미국의 아폴로 계획 이후 가장 큰 달 탐사 계획이었다. 셀레네의 별명은 일반 공모를 통해

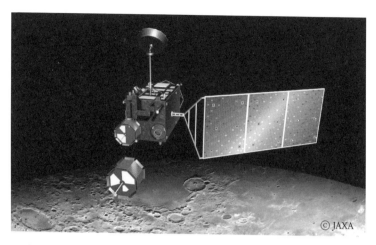

▲ 일본의 셀레네(가구야)가 보조 위성을 분리하는 모습을 그린 모습. 셀레네에는 소형 위성 2기가 실려 있는데, 하나는 통신을 중계하는 위성이고 하나는 달의 중력을 정확히 측정하기 위한 위성이다.

선정했는데, 결과는 '가구야'였다. 당연히 가구야 공주 이야기의 가구야다.

셀레네의 목적은 달의 기원과 지질학적 발달사 연구와 달 표면 환경에 관한 정보 수집이었다. 이를 위해 달의 지형을 촬영할 카메라와 엑스선 분광계, 감마선 분광계, 플라스마 분석계 등 총 13가지 관측 장비를 탑재했다. 통신 중계와 달의 중력 측정을 위한 소형 위성 두 기도 함께 실었다. 과학과는 무관한 것도 싣고 갔는데, 바로 소원이었다. 40만 명이 넘는 사람의 소원을 모아 가지고 갔던 것이다. 말 그대로 달님에게 빈 소원이 모두 이루어졌는지 궁금하다.

고해상도 TV 카메라도 함께 가지고 간 셀레네는 1년 9개월 동안 달 주위를 돌면서 우리에게 전보다 훨씬 더 선명한 달의 모습을 보여주었다. 지형을 촬영해 이전보다 더 자세한 지형 정보도 얻었

우주로 가는 문 달 —

222

는데, 이 자료는 구글이 입체 달 지도를 만드는 데 쓰였다. 구글 맵을 이용하면 누구나 무료로 자세한 달 지도를 볼 수 있다. 과거 조악한 망원경으로 힘겹게 그리던 달 지도를 마우스 클릭 몇 번으로 누구나 볼 수 있는 세상이 된 것이다.

## 무서운 신흥 우주 강국 등장

다음 주자는 중국이었다. 중국은 가장 먼저 달 탐사를 시작한 미국과 러시아(옛 소련)를 가장 맹렬하게 쫓아가고 있는 나라다. 2007년 셀레네보다 한 달 늦은 2007년 10월 중국은 창어 1호를 달 궤도에 진입시켰다.

중국 역시 일본처럼 신화와 전설에서 탐사선의 이름을 따왔다. 불로불사의 약을 훔쳐 먹은 뒤 달로 쫓겨난 신화 속의 여신 상아의 중국어 발음이 창어다. 상아(창어)와 달리 창어 1호는 뚜렷한 목표를 가지고 달로 향했다. 향후 계획하고 있는 달 착륙을 위해 달 표면의 지형과 지질 정보를 수집하고, 다양한 화학 원소의 분포를 조사하는 일이었다.

2010년 10월에는 창어 2호를 발사했다. 창어 2호는 창어 1호와 설계가 비슷하지만, 좀 더 개선된 장비를 탑재하고 있었다. 200킬로미터까지 접근한 1호보다 100킬로미터 더 가까이 접근해 좀 더 선명한 달 지도를 얻을 수 있었다. 창어 1호와 2호로 중국의 달 탐사 계획은 1단계를 성공적으로 마쳤다.

2단계의 시작은 창어 3호였다. 이번에는 달 표면에 착륙해 월면

▲ 완전히 둥근 지구가 지평선 위로 떠오르는 모습을 가구야가 포착했다.

로버를 내려놓는 게 목표였다. 2013년 12월 2일 지구를 떠난 창어 3호는 13일 뒤 달 표면에 무사히 착륙했다. 앞선 창어 탐사선이 수집한 정보를 바탕으로 선정한 착륙 장소는 무지개의 만이었지만, 근처에 있는 비의 바다에 착륙했다. 소련의 루나 24호 이후 처음으로 달에 간 건 일본의 셀레네였지만, 처음으로 착륙한 건 중국의 창어 3호였다.

창어 3호는 착륙 직후 각종 장비를 점검하며 7시간 정도를 보낸 뒤 가지고 간 월면 로버를 달 표면에 내려놓았다. 이 월면 로버의 이름은 '위투'. 무슨 뜻인지 추측이 되시는지? 위투는 우리말로 바꾸면 옥토끼가 된다. 창어와 함께 달로 간 로버니 옥토끼가 되는 건 어찌 보면 당연했다. 이제부터는 위투 대신 우리에게도 익숙한 옥토끼라고 부르도록 하자.

옥토끼는 3개월 동안 달 표면을 돌아다니며 임무를 수행할 예정이었다. 지하 30미터까지 볼 수 있는 지표 투과 레이더, 분광계,

스테레오 카메라로 달 표면 구성물질의 성분과 지하의 구조를 조사하는 임무를 띠고 있었다. 첫 번째 낮에는 별 탈 없이 작동했고, 슬립 모드로 밤을 보낸 뒤 두 번째 낮이 끝나갈 무렵 문제가 생겼다.

여기서 낮과 밤은 달 기준으로, 지구 시간으로 약 2주에 해당한다. 달에서는 하루가 지구의 한 달과 거의 같기 때문이다. 달이 지구를 공전하는 시간에 맞춰 1달을 정했으니 당연한 일이다. 게다가 태양 빛을 받는 부분과 받지 않는 부분의 온도 차가 100도가 넘을 정도로 극한 환경이라 긴 시간을 보내는 동안 고장이 난 모양이었다.

끝내 제 기능을 회복하지 못한 옥토끼는 더는 움직이지 못했지만, 예상 수명인 3개월을 훌쩍 넘긴 31개월 동안 여러 가지 유용한 정보를 보내주었다.

그리고 2019년 1월 초, 새해 시작부터 중국은 창어 4호를 또다시 달에 착륙시켰다. 이번에는 지구에서 보이지 않는 달의 뒷면이었다. 달의 뒷면은 지구와 반대쪽에 있으므로 직접 통신이 되지 않는다. 아폴로 계획 때도 우주선이 달의 뒷면을 지나가는 동안 지구의 관제센터는 긴장할 수밖에 없었다.

지구와 창어 4호의 통신을 중계하기 위해 중국은 6개월 전에 달 근처에 인공위성을 올려두었다. 덕분에 창어 4호는 무사히 달의 뒷면에 착륙할 수 있었다. 이는 미국이나 소련도 아직 하지 못한 일로, 중국의 기술력이 상당한 수준에 올라왔음을 보여주는 일이다.

달에 올라간 창어 4호는 흥미로운 실험을 진행했다. 이 또한 사상 처음으로, 달에서 식물을 키우려는 시도였다. 월면 소형 생태계라고 할 수 있는 실험 장치를 통해서였다. 지름이 16센티미터에 길이가 18센티미터인 이 원통 안에는 흙과 여러 식물의 씨앗과 초파리의 알이 들어있었다. 씨앗이 싹을 틔우고 초파리의 알이 부화한다면, 이들이 자그마한 생태계를 이룰 수 있는지 관찰할 계획이었다.

착륙 직후 창어 4호는 물을 뿌렸다. 통 내부의 모습은 사진을 찍어서 전송했다. 10여 일 뒤 중국은 몇몇 씨앗이 발아하는 데 성공했다며 목화 씨앗이 발아한 모습을 담은 사진을 공개했다. 하지만 얼마 지나지 않아 해당 지역에 밤이 찾아오면서 온도가 너무 낮아서 식물은 모두 죽고 말았다.

## 달에서 얼음을 확인한 찬드라얀 1호

오랜 문명을 자랑하는 인도는 2008년 10월 찬드라얀 1호를 발사했다. 일본과 중국에 이어 아시아에서는 세 번째다. 달의 신 찬드라에서 이름을 따온 찬드라얀 1호는 다른 나라와 비교해 적은 비용으로 성공해 냈다는 점으로도 주목을 받았다.

달 지도 제작, 달 표면의 광물 성분 조사, 달의 기원 연구 등의 목적을 띠고 날아간 찬드라얀 1호는 달 주위를 돌며 중요한 발견을 해냈다. 바로 물의 흔적이었다. 관측 결과를 토대로 과학자들은 달의 토양에 상당한 물이 있다는 결론을 내렸다. 태양 빛이 전혀 닿지 않는 영구 그늘 지역에는 얼음 상태의 물이 있을 가능성도 점칠 수 있다.

## 달의 궁전

일본과 중국, 인도 모두 달 탐사 계획을 계속 진행 중이다. 인도는 달 착륙선 비크람을 포함한 찬드라얀 2호를 발사할 예정이다. 일본도 중국처럼 착륙을 노리고 있다. 셀레네 2호는 계획 단계에서 취소됐지만, 달 조사용 스마트 착륙선SLIM을 개발 중이다. 셀레네가 수집한 달 표면 자료를 활용할 예정이며, 목표 지점에 정확히 내려앉는 것을 목표로 하고 있다. 달 탐사를 원활히 진행하려면 목표 지점에 정확히 착륙하는 기술이 매우 중요하다.

중국은 창어 5호를 준비하고 있다. 여전히 무인 탐사선이지만, 이번에는 흙 표본도 채집해 돌아올 계획이다. 표본 채집 단계가 끝나면, 다음은 무인 연구기지다. 중국은 2020년대에 3~4번의 임무를 통해서 달의 남극에 무인 기지를 먼저 세울 계획이다. 남극을 목표로 하는 이유는 태양 빛을 충분히 받을 수 있고, 얼음이 있을 가능성이 크기 때문이다. 창어 4호에서 수행했던 인공 생태계 실험도 향후 유인기지 건설을 위한 준비 과정으로 계속 이어질 것이다.

"달의 궁전에서 살겠다는 중국의 꿈은 머지않아 현실이 될 것이다."

중국은 이와 같은 말과 함께 튜브 모양의 구조물로 이루어진 달기지 계획도를 발표하기도 했다. 이미 지상에서는 외부와 차단된 상황에서 장기간 거주할 수 있는 시설을 개발하고 있다. 생활 공간과 식물 재배실, 폐기물 처리 시설 등으로 이루어진 이 시설의 이름은 '웨이공'. 우리 식으로 읽으면 월궁, 즉 달의 궁전이다.

달 기지는 외부의 보급을 받기가 어려우므로 가능한 자급자족하며 사람이 지속해서 생활할 수 있는 환경을 유지해야 한다. 식량을 직접 재배하고, 산소 농도와 기온을 일정하게 유지하고, 폐기물은 가능한 재활용하는 등의 활동을 통해 외부와 격리된 상황에서 얼마나 오래 버틸 수 있는지를 지상에서 미리 확인하는 것이다. 지구에서 무려 40만 킬로미터나 떨어진 곳에 갇혀 있는 생활이 사람의 심리에 어떤 영향을 끼치는지도 중요한 문제다.

이런 준비 과정을 거쳐 중국은 2030년대에 사람을 달에 내려놓겠다는 목표를 세웠다. 우주 탐사 계획이 미뤄지는 일은 다반사지만, 지금까지 보여 준 중국의 추진력과 기술력을 보면 정말 예정대로 중국 우주인이 달 표면에서 오성홍기를 휘두르는 일이 생길지도 모르겠다.

## 디펜딩 챔피언, 미국

원조 우주 강국인 미국과 러시아도 가만있을 수만은 없었다. 미국은 띄엄띄엄 달 탐사선을 보내고 있었다. 1998년에는 루나 프로스펙터를 보냈고, 2009년에는 달 정찰위성LRO를 달 궤도에 올렸다.

LRO는 달 표면의 상세한 지도를 만들며 향후 있을 유인 탐사를 준비했다. 지형 정보, 안전한 착륙 지점, 활용 가능한 자원의 위치, 방사선과 같은 달 표면 환경 등 LRO가 수집한 자료는 전례가 없을 정도로 방대했다. 그 과정에서 과거 아폴로 우주선이 착륙했던 흔적을 사진에 담기도 했다.

미국 역시 다시 한번 달에 사람을 보낼 생각이 있다. 2000년대 초 NASA가 기획한 컨스틀레이션 계획에는 2020년이 되기 전에 달에 다시 발을 디디고 궁극적으로는 이를 발판으로 화성에 진출한다는 내용이 담겨 있었다. 하지만 그러기 위해서는 NASA의 예산이 훨씬 더 늘어나야 했고, 결국 2010년 오바마 Barack Obama 대통령은 컨스틀레이션 계획을 취소했다.

그럼에도 컨스틀레이션 계획의 일부였던 유인 우주선 개발 계획은 살아남았다. 오리온이라는 이름이 붙은 이 우주선은 우주왕복선의 뒤를 잇는 유인 우주선으로 달, 그리고 화성까지 비행할 수 있는 능력을 갖추고 있다. 사령선과 기계선, 착륙선으로 이루어져 있던 아폴로 우주선처럼 오리온도 승무원이 타는 탑승 모듈과 엔진과 연료, 각종 장비가 실린 서비스 모듈로 나뉘어 있다. 탑승 모듈은 아폴로 우주선 때보다 커져 최대 4명까지 탈 수 있다.

2014년 12월 오리온 우주선은 처음으로 시험 비행에 나섰다. 아직 승무원은 타지 않은 무인 실험이었다. 오리온 우주선은 4시간 반 동안 최고 고도 6000킬로미터까지 올라가며 여러 가지 기능을 점검했다. 대기권 재진입 시에 열 차폐장치가 적절히 작동하는지도 확인했다. 내용으로 볼 때 이 임무는 아폴로 계획으로 치면 4호에 해당한다. 미국은 머지않아 오리온 우주선의 두 번째 시험 비행을 진행한다. 이번에는 전보다 더 오랜 시간을 우주에서 머무르며 우주선을 테스트할 예정이다.

오리온 우주선이 언제 승무원을 태우고 비행할지는 아직 정해지지 않았다. 아마도 안전을 위해 충분한 준비가 된 뒤에야 유인 비행이 이루어질 것이다. 승무원이 탑승한 오리온 우주선은 아폴로 8호처럼 달 주위를 돌고 돌아오는 임무를 먼저 수행할 전망이다.

한편, NASA는 달 궤도에 '달 궤도 정거장LOP-G'이라는 이름의 우주정거장을 건설하려고 구상하고 있다. 규모가 큰 계획이니만큼 다른 나라의 우주 기구와 우주개발기업과도 협력해 진행할 예정이다. 2020년 이후에야 시작할 수 있을 것으로 보이지만, 만약 완성된다면 달 탐사는 지금보다 훨씬 수월해진다.

현재 국제우주정거장ISS처럼 우주인이 수개월 이상 체류하면서 달을 조사할 수 있고, 달 토양 같은 표본도 바로 분석할 수 있다. 월면 로버를 원격 조종하거나 착륙선과 지구의 통신을 중계할 수도 있고, 달 탐사에 필요한 각종 장비를 보관할 수도 있다. 달 표면에 기지를 짓는 일도 훨씬 수월해질 수 있다.

## 은둔했던 고수의 귀환

오랫동안 조용했던 러시아도 다시 신발 끈을 조이고 경쟁에 참여한다고 발표했다. 40여 년 만이다. 그 사이에 소련은 무너졌고, 구성 국가가 독립하는 과정을 거쳐 지금의 러시아 연방이 되었다. 소련을 승계한 러시아는 과거의 달 탐사 계획 또한 이어받았다.

러시아연방우주국ROSCOSMOS의 달 탐사 계획인 루나 글로브는 1990년대 후반에 모습을 드러냈지만, 여러 차례 실행이 미뤄졌다. 목표는 달에 무인기지를 건설하는 것이다. 처음으로 출발할 탐사선은 루나 25호. 1976년의 루나 24호를 그대로 이어받은 이름이다.

▲ 오리온 우주선은 최대 4명을 태우고 다시 달에 갈 예정이다.

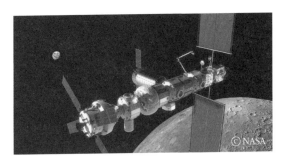

▲ 달 궤도에 우주정거장이 생긴다면 훨씬 더 심층적인 달 탐사를 할 수 있다.

루나 25호는 2021년 발사 예정으로, 달의 남극 근처에 착륙한다.

러시아는 루나 25호를 시작으로 탐사선을 계속해 보낼 계획이다. 먼저 달에 무인기지를 만들고, 무인기지가 완성되면 유인 탐사 단계로 넘어간다. 러시아는 2030년대에 달 기지 건설을 시작하려고 한다. 처음에는 소규모로 시작하지만, 12명까지 체류할 수 있는 기지를 만들 생각이다. 과연 루나 25호가 예정대로 발사되어 과거 미국과 치열하게 경쟁했던 소련의 영광이 부활할 수 있을지는 두고 볼 일이다.

## 대한민국도 간다

우리나라 역시 우주발사체와 인공위성 개발, 달 탐사 같은 기술 개발에 투자하며 우주산업에 뛰어들고 있다. 국제 협력을 바탕으로 시험용 달 궤도선을 개발하겠다는 계획이 현재 진행 중이다. 550킬로그램급의 달 궤도선은 달 상공 100킬로미터에서 달의 자원과 자기장 같은 환경을 관측한다.

또, 미국이 국제 협력을 통해 건설하려는 LOP-G에 우리나라도 참여할 예정이다. 과거 우리나라는 ISS 사업에 참여하지 못했다. 달 탐사는 독자적으로 진행하기에는 규모가 큰 계획이므로 이와 같은 국제 협력 사업에 참여해 주도적인 역할을 하고 기술을 쌓는 일이 중요하다. 순조롭게 진행된다면 우리나라도 국제 달 탐사 계획의 한 축을 담당할 수 있을 것이다.

## 달 관광 시대 올까

그동안 시대가 바뀌었음을 알 수 있는 변화가 있다. 과거 국가 사이의 경쟁으로만 여겨졌던 우주 개발이 민간 기업으로도 상당 부분 넘어간 것이다. 달 탐사도 다르지 않다.

2007년 X프라이즈 재단은 구글의 후원을 받아 총상금 300억

원을 걸고 월면 탐사 로봇 공모전, 구글 루나 X프라이즈를 실시한다고 발표했다. 민간 자금으로 만든 최초의 달 탐사 로봇을 찾는 게 목적이었다. 누구든지 정부 지원 없이 가장 먼저 달에 탐사 로봇을 보내면 상금을 받을 수 있다.

조건은 달 표면에서 500미터 이상 움직이며 고화질 영상과 사진을 전송해야 한다는 것이다. 더 먼 거리를 움직인다든가 더 많은 기능을 수행하면 추가로 상금을 받을 수 있다. 발사체는 직접 개발할 필요 없이 기존 발사체를 이용하면 된다.

마감은 원래 2012년까지였지만, 점점 미뤄졌다. 2015년에는 이스라엘의 스페이스IL이 미국의 민간 우주기업 스페이스X와 발사 계약을 맺었다고 발표하며 선두에 나섰다. 그 외에도 국제연합팀인 시너지문과 인도의 팀인더스, 일본의 하쿠토 등이 선두권을 유지했지만, 결국 아무도 마감 기한을 맞추지는 못했다. 상금은 누구에게도 돌아가지 않았고, 루나 X프라이즈는 상금이 없는 경연 대회 형식으로 이어지고 있다. 참가팀 일부는 여전히 포기하지 않고 개발을 계속하고 있다. 조만간 이 중에서 최초의 민간 달 탐사 로봇이 나타날 수 있다. 이 책을 마무리하고 있는 현재 시점에서 스페이스IL의 베레시트 탐사선이 달 궤도에 진입해 착륙을 눈앞에 두고 있다.

달 관광도 점차 시야에 들어오고 있다. 혁신적인 창업가로 유명한 일론 머스크가 설립한 스페이스X는 생긴 지 얼마 되지 않아 놀라운 성과를 내며 성공적인 우주기업으로 자리 잡았다. 민간 우주선으로는 최초로 국제우주정거장에 도킹하기도 했고, 로켓을 발

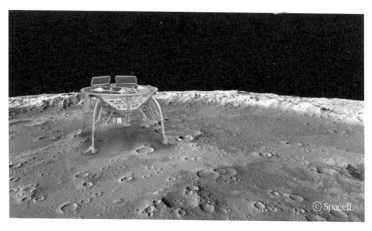

▲ 스페이스IL이 만든 달 착륙선 베어시트.

사해 궤도까지 올라간 다음에 그대로 착지시켜 로켓은 일회용이라는 고정관념을 깨뜨리기도 했다.

스페이스X는 곧 우주 관광도 현실로 만들려고 한다. 일본의 억만장자이자 예술 애호가인 유사쿠 마에자와의 재정 후원을 받아 진행 중인 '디어문' 계획을 통해서다. 마에자와는 뛰어난 예술가 6~8명을 초청해 함께 달 주위를 돌 생각이다. 우주를 비행하며 달을 관찰하는 활동에서 영감을 받아 새로운 개념의 예술 작품을 만들고 이를 전시한다는 것이다.

달 관광 계획을 발표한 민간 기업은 몇몇 있었지만, 워낙 어려운 일이라 대개는 계획으로만 그치고 말았다. 스페이스X의 디어문 계획이 성공한다면 이는 최초의 달 관광이 된다. 최초의 달 착륙처럼 첫발은 어렵겠지만, 계속 한 걸음씩 내디딘다면 달 관광도 언젠가 꿈속의 일만은 아니게 될지도 모른다.

# ☽
# 드러난 달의
# 정체와 미스터리

아폴로 계획으로 얻은 정보는 그토록 궁금해하던 달의 수수께끼를 많이 밝혀주었다. 달의 크레이터가 어떻게 생겼는지, 달에 생명체가 있는지 등 그동안 논쟁의 대상이 되었던 몇 가지 의문을 해결할 수 있었다. 아폴로 계획으로 알아낸 주요 사실을 요약하면 다음과 같다.

1. 달은 처음부터 있었던 천체가 아니다. 진화 과정을 통해 지구와 비슷한 내부 구조를 갖게 되었다. 내부에는 철로 이루어진 작은 핵이 있으며, 표면은 화산 활동과 운석 충돌 같은 다양한 현상을 겪은 바위로 되어 있다.

2. 달은 태양계의 모든 암석형 행성이 공통으로 지니고 있을 초기 10억 년의 역사를 아직도 간직하고 있다. 달에 있는 크레

이터에서 채집한 바위 표본의 연대를 측정하면 수성과 금성, 화성의 크레이터 정보를 바탕으로 각 행성의 진화 과정을 밝혀줄 수 있다.

3. 가장 최근에 만들어진 월석은 지구에서 가장 오래된 암석과 연대가 비슷하다. 지구는 지질 활동이 활발해 오래된 암석을 찾기 어렵다. 초기에 지구와 달은 비슷한 과정을 겪었겠지만, 이제 그 증거는 달에서만 찾을 수 있다.

4. 지구와 달의 산소 동위원소 수준이 비슷하다는 사실은 공통의 물질에서 만들어졌음을 나타낸다. 앞에서 달의 기원에 관한 이론을 이야기할 때 나왔던 내용이다.

5. 달에는 생명체가 없다. 화석도 없으며, 유기물도 없다. 달에서 가져온 표본을 열심히 들여다보았지만, 생명체는 찾아내지 못했다. 기대했던 사람에게는 참으로 안타까운 일이다.

6. 월석은 모두 물이 아예 없거나 거의 없는 환경에서 뜨거운 열을 받아 생겼다.

7. 형성 초기에 달은 아주 깊은 곳까지 녹은 마그마의 바다가 있었다. 달의 고지대에는 이 당시에 가벼운 암석이 마그마의 바다 위에 떠 있었던 흔적이 있다.

8. 마그마의 바다 이후에 거대한 소행성이 여러 번 충돌해 분지를 만들었다. 나중에 이 분지를 용암이 채웠다. 아폴로 15호가 착륙했던 비의 바다 같은 곳이 바로 이렇게 생긴 곳이다.

9. 달은 정확히 대칭이지 않다. 지구 중력 때문에 맨틀이 지구 쪽, 즉 앞면 쪽으로 무게가 쏠려 있다. 그래서 달의 뒷면에 있는 지각이 더 두껍다.

10. 달 표면은 암석과 먼지로 덮여 있다. 여기에는 태양의 방사선 기록이 담겨 있어 이를 이용하면 지구의 기후 변화를 이해하는 데 도움이 된다.

아폴로 계획은 달에 관한 여러 가지 사실을 알아냈지만, 한편으로는 또 다른 수수께끼를 찾기도 했다. 이후 무인탐사선을 이용한 달 탐사는 계속 이어졌고, 미국과 소련뿐 아니라 다른 나라도 뛰어들었다. 그에 따라 달에 관한 새로운 사실이 하나둘씩 드러났다. 그러나 달 기지 건설을 꿈꾸는 지금도 달은 많은 비밀을 간직하고 있다. 달이 보여주고 있는 신기한 현상과 앞으로 밝혀내야 할 숙제를 소개한다.

## 운석의 대충돌 시기가 있었다?

아폴로 계획을 통해 지구로 가져온 월석의 연대를 측정한 결과 흥미로운 사실이 드러났다. 운석 충돌로 생긴 암석의 나이가 거의 모두 38억 년 전에서 41억 년 전에 모여 있었던 것이다. 비의 바다, 감로주의 바다, 평온의 바다 등 서로 다른 지역에서 가져온 암석의 연대가 모두 이렇게 비슷했다.

그래서 이 시기에 달에 운석이 집중적으로 떨어졌다는 추측이 나왔다. 운석이 달만 골라서 떨어질 리는 없으니 같은 시기에 수성과 금성, 지구도 대량의 운석 폭격을 맞았다는 생각이다. 태양계 초기지만 행성이 모두 생긴 뒤에 뒤늦게 이루어진 일이라 '후기 집중충돌'이라고 부른다.

왜 이런 일이 벌어졌는지는 여러 가지 가설이 있다. 그 중 하나는 이 사건을 일으킨 운석이 화성과 목성 사이의 소행성대에서 왔다는 것이다. 목성과 토성 같은 바깥쪽의 거대 행성의 중력에 영향을 받아 이곳의 운석이 대량으로 태양계 안쪽으로 향했다는 설이다.

천왕성과 해왕성이 뒤늦게 만들어지면서 이런 일이 벌어졌다는 설도 있다. 태양계 외곽은 물질이 더 희박하기 때문에 뭉치는 데 더 오랜 시간이 걸렸고, 그에 따라 천왕성과 해왕성이 뒤늦게 생기며 중력을 발휘했다는 것이다. 지금은 없는 행성이 관여했을 가능성을 이야기하기도 한다. 화성과 목성 사이에 있던 행성의 궤도가 불안정해지면서 궤도를 이탈했고, 그 과정에서 운석과 소행성을 지구 쪽으로 날려버렸을 수 있다. 물론 그 미지의 행성은 태양으로 돌진해서 남아 있지 않을 테니 입증할 방법은 없다.

사실 어떤 가설도 타임머신을 타고 과거로 돌아가지 않는 한 확실히 입증할 수 없다. 이때 지구에 충돌한 운석에 생명체가 진화하는 데 필요한 물질이 있었을 수도 있지만, 여전히 추측의 영역에 남아 있을 뿐이다.

자연히 대충돌 시기가 있었다는 가설을 부정하는 견해도 있다. 아폴로 계획을 통해 가져온 월석 표본이 사실은 단 한 번의 대충돌로 생긴 암석일 수도 있다는 비판과 그전에도 꾸준히 있었던 충돌의 흔적이 지워졌을 뿐이라는 비판 등이다. 미래에 달에서 폭넓은 지역을 조사하고 표본을 더 많이 채집해 분석한다면 대충돌 시기의 존재 여부를 판단할 수 있게 되지 않을까.

▶ 달에 운석이 집중적으로 충돌한 시기가 있었을까, 아니면 꾸준히 계속 충돌했을까?

© Tim Wetherell - Australian National University

## 달은 유리로 덮여 있다?

아폴로 17호를 타고 달에 간 지질학자 해리슨 슈미트와 선장 유진 서넌은 달의 흙을 조사하고 있었다. 달에서 보이는 색이라고는 온통 회색과 검은색뿐이었다. 공기가 없어 빛이 산란되지 않는 달에서는 그림자도 지구에서 볼 때보다 훨씬 더 까맣고 선명하다. 짙은 그림자를 내려다보고 있으면 깊은 구덩이가 있는 게 아닌가 하는 느낌이 들 정도다.

그런 살풍경한 곳에서 임무를 수행하던 슈미트의 눈에 색다른 풍경이 눈에 들어왔다.

"잠깐⋯⋯."

서넌이 물었다.

"왜 그래?"

"빛 반사 때문인가? 전에도 한 번 속은 적이 있어서. 이 흙은 주황색이잖아!"

"내가 보기 전까지 움직이지 마."

"온 사방에 있어! 주황색이다!

예상치 못했던 주황색 흙을 발견하고 흥분한 슈미트와 유진 서넌은 땅을 파내기 시작했다. 이 장면은 지구에서도 TV로 볼 수 있었다. 달에서 이렇게 생생한 색깔을 보는 건 처음이었다.

지구로 가져와 분석한 결과 이 주황색 흙은 크기가 20~45마이크로미터인 고운 알갱이로, 운석 충돌이 아니라 화산 활동의 영향으로 생긴 유리였다. 이런 유리 알갱이는 달 표면의 상당 부분을 덮고 있다. 아폴로 우주비행사가 가져온 달 먼지의 절반은 이런 유리 알갱이가 차지한다. 그중에는 갈색, 녹색, 레몬색처럼 아름다운 색을 띠고 있는 것도 있다.

### 달에도 미세먼지가?

아폴로 계획 이전에 무인탐사선이 촬영한 달 사진에는 신기한 현상이 찍혀 있었다. 해 질 녘 달의 지평선 위가 희미하게 빛나고 있었다. 마치 지구에서처럼 석양이 지는 듯한 모습이었다. 하늘과 땅의 경계도 분명치 않았다. 공기가 없는 달에서는 있을 수 없는 일이었다. 훗날 아폴로 임무에서도 여러 차례 이런 보고가 있었다. 태양이 뜨거나 질 때 잠시 석양 같은 빛이 보인다는 이야기였다.

아폴로 계획이 끝나고 30년이 지난 뒤에야 가설이 하나 등장했다. 아폴로 17호가 설치한 실험 장치로 얻은 데이터를 재해석한 결과였다. 당시 아폴로 17호는 작은 운석이 충돌할 때 달 먼지가 얼마나 높이 솟아오르는지를 측정하기 위한 장치를 달에 설치했다. 이를 이용해 달에서 빠져나가는 먼지의 양이 얼마인지, 먼지의 성질이 어떤지를 조사할 계획이었다.

측정 결과 신기한 현상이 포착됐다. 2주나 되는 밤이 끝나고 태양이 떠오를 때 태양 빛이 닿기 시작하는 부분에서 먼지가 하늘로 솟아올랐다. 밝은 부분과 어두운 부분의 경계를 따라 죽 이어지는 폭풍이었다. 이 먼지 폭풍은 북극에서 남극까지 이어진 채로 달 표면을 동쪽에서 서쪽으로 쓸고 지나간다.

▲ 선외 활동 뒤 달 먼지를 뒤집어 쓴 아폴로 17호의 선장 유진 서넌.

원인으로는 정전기가 지목되고 있다. 낮 동안 달 표면이 받는 태양의 강한 자외선과 엑스선은 달 먼지에 있는 전자를 날려버린다. 따라서 낮 영역의 달 먼지는 양전하를 띤다. 반대로 남극 영역의 달 먼지는 태양풍의 전자를 받아 음전하를 띤다. 그 결과 낮과 밤이 바뀌는 경계에서 달의 먼지가 붕 떠올라 반대쪽 영역으로 날아가게 된다. 먼지가 작을수록 더 높이 떠오른다.

과거 아폴로 계획의 달 착륙은 낮과 밤을 모두 경험할 정도로 길지 않았다. 미래에 달 기지를 건설한다면 낮과 밤의 경계에 생기는 이 먼지 폭풍을 더 자세히 연구할 수 있을 것이다. 물론 먼지 폭풍을 고스란히 맞아야 한다는 문제도 있다. 먼지 폭풍이 달 기지나 우주복 같은 장비에 악영향을 끼칠 수도 있다. 렌즈 같은 광학 장비에 쌓여 성능을 떨어뜨린다거나 전자 계통에 이상을 초래할지도 모른다. 어쩌면 지구에서처럼 장비 위에 먼지가 켜켜이 쌓이는 모습을 보게 될 수도 있다. 그러면 장비의 열 배출이 제대로 이루어지지 않아 고장의 원인이 된다.

달의 먼지는 사람에게도 위험 요소가 된다. 달 먼지는 지구 먼지보다 날카롭고 화학적으로 반응성이 높아서 오랫동안 흡입할 경우에 암을 일으키는 등 사람에게 해로운 영향을 끼친다. 인간이 달에 진출하기 위해서는 달에 있는 이 미세먼지의 성질을 자세히 파악해야 한다. 달 기지를 들락거릴 때마다 먼지를 제거하기 위해 깨끗하게 씻어야 할 것이다. 달에서도 공기청정기는 필수가 되는 걸까?

## 달은 수축하고 있다?

2009년에 발사한 달 정찰위성LRO은 수년에 걸쳐 달 표면에서 3000개가 넘는 패인 비탈(절벽)을 찾아냈다. 이런 비탈이 크지는 않다. 가장 큰 것은 높이가 90미터에 길이는 몇 킬로미터 정도다. 아폴로 계획 당시에도 발견했었지만, 그때는 달 전체를 조사했던 게 아니어서 원인을 파악하기 곤란했다.

현재 과학자들은 이런 비탈이 달의 수축 때문에 생긴다고 추정하고 있다. 초창기의 달은 수많은 운석과 소행성 충돌을 겪어 뜨거운 상태였다. 이후 달은 식으면서 크기가 줄어들었다. 달이 수축하면 맨틀과 지각은 어쩔 수 없이 변형을 겪는다. 결국, 지각에 균열이 생기며 절벽이나 비탈을 만들어낸다. 사람이 나이가 들면서 팽팽했던 피부가 쭈글쭈글해지는 것과 같다.

이런 비탈은 수성 같은 다른 행성에서도 찾을 수 있다. 수성은 달보다 비탈이 더 크다. 수성이 더 크기 때문에 비탈이 더 큰 것도 있지만, 수성은 완전히 녹아 있었기 때문에 식으면서 더 많이 수축했을 수도 있다. 조사를 진행한 연구진은 달의 비탈이 생긴 지 10억 년도 되지 않았을 것으로 추정하고 있다. 이는 달이 최근까지 수축했으며, 지금 이 순간에도 계속 수축하고 있을 수도 있다는 사실을 암시한다. 그렇다면 과연 앞으로 달은 더욱 작아질 수도 있다.

## 달에 공기가 있었을까?

보통 달에는 대기가 없다고 말한다. 좀 더 정확히 말하면, '거의 없다'라고 해야 한다. 미미하지만, 달에도 기체 분자가 있긴 있다. 같은 부피 안에 들어있는 기체 분자의 수는 지구의 약 10조 분의 1이다. 국제우주정거장이 떠 있는 공간과 비슷한 수준이다. 지구처럼 방사선을 흡수한다거나 순환하는 등의 작용을 할 수도 없으므로 사실상 없다고 해도 틀린 말은 아니다.

대기가 없으므로 바람도 불 수 없다. 아폴로 11호 임무 당시 달에 세운 성조기가 펄럭이게 보였던 건 철사로 그렇게 고정했기 때

©NASA

▲ 달에는 공기가 없다. 깃발이 펄럭이는 것처럼 보이는 건 철사로 그렇게 고정했기 때문이다.

문이다. 실제로는 달에서 깃발이 펄럭일 수 없다. 당연히 지구에서처럼 바람, 물, 생물에 의한 풍화가 일어나지도 않는다. 덕분에 달 표면에는 아직도 수많은 크레이터가 남아 있을 수 있다. 지구에도 과거 많은 운석이 충돌했지만, 지질 활동이나 식물, 날씨, 사람 같은 수많은 요소로 인해 지워졌다.

그런데도 인간이 밟은 달 표면은 고운 먼지로 덮여 있었다. 풍화 작용이 일어나지 않는다면 이런 곱게 부서진 흙은 어디서 생긴 걸까. 달 표면은 우주 공간에 거의 그대로 노출되어 있다. 우주는 텅 빈 진공에 가깝지만, 그렇다고 아무것도 없는 건 아니다. 운석과 크기가 몇 밀리미터에서 몇 마이크로미터밖에 안 되는 미소 운석이 꾸준히 달 표면에 떨어져 바위를 잘게 부순다.

이런 작은 운석은 지구에서라면 대기 중에서 불타버리지만, 달에는 대기가 없으므로 표면에 그대로 부딪힌다. 또, 태양풍에 들어 있는 이온과 고에너지 입자도 날아와 부딪친다. 이 역시 대기가 있다면 막혔을 것이다. 지구에서와 원인은 다르지만, 결국 풍화 작용은 일어나는 셈이다. 이런 현상을 우주 풍화라고 한다.

그런데 오랜 옛날에는 지금과 상황이 달랐을지도 모른다. 2017년 NASA는 아폴로 계획으로 얻은 달의 암석 표본을 조사한 결과 과거의 달에는 비교적 두꺼운 대기가 있었다는 연구 결과를 발표했다. 이런 대기를 유지했던 건 30~40억 년 전으로, 약 7000만 년 동안 대기가 두꺼운 상태였다. 현재 화성 대기의 두 배 수준이었을 것이라고 한다. 그러나 시간이 흐르며 태양풍에 의해 우주로 흘러 나가 버리고 말았다.

## 혜성처럼 달에도 꼬리가 있다?

미미하지만 달에 있는 대기는 어디에서 왔을까. 달의 대기에는 지구의 대기에는 없는 나트륨과 칼륨 같은 원소가 들어있다. 생명체의 활동이 없는 달 대기의 원천은 몇 가지가 있다. 달 내부에서 흘러나오는 기체와 태양에서 나오는 고에너지 입자에 부딪혀 튀어나오는 원자, 운석이 충돌할 때 나오는 물질 등이 달의 대기를 이룬다. 이들이 각각 얼마나 이바지하는지는 아직 모르는 상태다.

그런데 이런 희박한 물질이 굉장히 흥미로운 현상을 만든다. 달에 혜성에 있는 것과 같은 꼬리를 만들어주는 것이다. 이 꼬리의 정체는 나트륨 원자였다. 달 표면에서 떠오른 나트륨 원자는 중력에 의해 다시 떨어지기도 하지만 아주 높은 곳까지 솟아오르기도 한다. 이런 원자는 전하를 띠고 있으므로 태양풍을 맞으면 달 주위에 있던 원자가 밀려난다.

그 결과 태양의 반대편 방향으로 길게 늘어지는 꼬리가 생긴다. 이 꼬리는 매우 길어서 달이 태양과 지구 사이에 있을 때는 꼬리의 끝부분이 지구에 닿을 정도가 된다. 물론 이 꼬리는 매우 옅으므로 눈으로는 볼 수 없다.

이 꼬리를 발견한 데는 다소 운이 작용했다. 지구에 유성우가 떨어지는 날 나트륨을 감지하는 장치로 유성우가 지구 대기에 미치는 영향을 조사하던 중이었다. 연구진은 뜻밖에도 나트륨 구름이 나타났다 사라지는 현상을 발견했다. 왜 이런 현상이 생겼는지 여러 가지 가설을 검토하던 중 달에서 날아온 나트륨일 수 있다는 아이디어를 떠올리고 연구를 시작했다. 알고 보니 유성우 덕분에 꼬리의 농도가 짙어져서 볼 수 있었던 것이었다.

만약 달의 꼬리가 사람 눈에 보일 수 있을 정도로 짙다면, 우리는 주황색으로 은은하게 빛나며 밤하늘을 가로지르는 달의 꼬리를 볼 수 있을 것이다. 이런 나트륨 꼬리는 달뿐만 아니라 수성 같은 행성도 있다. 가장 가까운 달의 꼬리에 관해 알 수 있다면, 태양계의 다른 행성을 이해하는 데 큰 도움이 된다.

## 달은 명왕성보다 춥다?

아무리 달이 춥다고 해도 태양계 바깥쪽에 있는 명왕성보다 추울까? 명왕성 표면의 평균 온도는 약 영하 230도다. 태양 빛을 잘 받지 못하는 외곽의 행성은 온도가 낮을 수밖에 없다. 태양의 가까운 달에 명왕성보다 추운 곳이 있다는 건 상식적으로 이해하기 어렵다.

물론 달 표면의 평균 온도는 영하 수십 도로 명왕성보다 따뜻하다. 다만 특정 지역만큼은 명왕성보다 추울 수 있다는 것이다. 달에 대기가 거의 없기 때문에 가능한 일이다.

달에 대기가 거의 없다는 사실은 달을 지옥처럼 만든다. 열의 순환이 이루어지지 않기 때문에 태양 빛을 받는 달 표면의 온도는 100도 이상으로 뜨거워진다. 반대로 그늘진 곳의 표면 온도는 영하 200도까지 떨어진다. 태양까지의 거리는 비슷하지만, 대기로 둘러싸인 지구와 달리 태양 빛을 받느냐 아니냐에 따라 온도가 극과 극을 달린다. 낮이 되면 불타오르다가 밤이 되면 얼어붙기를 반복하는 것이다. 낮이어도 개기월식이 일어난다면 달 표면의 온도는 순식간에 영하 100도 이상 곤두박질칠 수도 있다.

더구나 달에는 계절이 없다. 지구는 자전축이 23.5도 기울어져 있어 지역에 따라 특정 시기에 태양 빛을 더 받거나 덜 받는다. 우리나라가 있는 북반구 중위도는 6~8월에 태양 빛을 더 받아 여름이 오고, 남반구 중위도는 그 시기에 겨울이 된다. 그런데 달의 자전축은 1.5밖에 기울어져 있지 않아 사실상 계절이 없다. 어느 지역이든 시기와 무관하게 태양 빛을 거의 똑같이 받는다.

그래서 달의 온도는 계절보다는 지형의 영향을 더 많이 받는다. 크레이터의 깊숙한 곳이나 절벽 아래, 동굴 속처럼 거의 항상 그림자가 지는 지역은 온도가 올라가지 못한다. 태양 빛이 수평으로 들어오는 극지방에 이런 장소가 있는데, 이런 곳 중 일부는 온도가 영하 250도에 달한다고 한다. 태양계 가장자리보다 더 추운 곳이 바로 이웃에 있는 것이다. 등잔 밑이 어둡다고나 할까.

## 달에 있는 물은 어디서 왔을까?

생명체가 살아가는 데 물은 필수다. 정확히 말하면, 우리가 아는 생명체에게 물은 필수다. 우주 어딘가에는 물과 상관없이 태어나 살아가는 외계생명체가 있을 수도 있겠지만, 그건 우리의 지식 범위를 넘어서는 것이니 고민해봤자 별 소용이 없다.

그래서 일단 우리는 우주를 탐사할 때 물을 중요하게 여긴다.

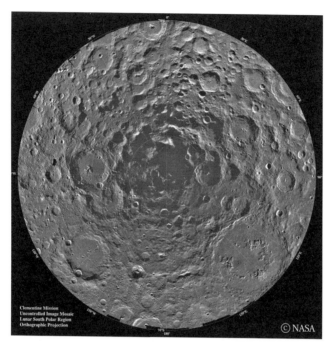

▲ 상당량의 물이 있을 것으로 보이는 달의 남극.

우리가 우주로 진출하기 위해서도 물이 있는 곳이 유리하고, 혹시 물이 있다면 우리와 비슷한 생명체를 찾을 수 있을지도 모르기 때문이다. 그래서 지구와 가장 가까운 달에 물이 있느냐는 것은 초미의 관심사였다.

결과는 긍정적이었다. 2008년 인도가 빌사한 찬드라얀 1호는 달에서 물 분자를 발견했다. 이어서 달 정찰위성LRO도 달의 극지방에서 상당한 양의 얼음을 찾아냈다. 화산으로 생긴 유리 알갱이 안에서도 물이 발견됐다. 지구 기준으로 본다면 사막이나 다름없는 수준이지만, 어쨌든 이제 달에 물이 있다는 사실은 아무도 의심하지 않는다.

그렇다면 달에 있는 물은 어디서 왔을까? 한 가지 가능성은 외부에서 왔다는 것이다. 사실 우주에는 물이 꽤 있다. 혜성이나 소행성의 상당수도 물을 담고 있다. 과거에는 달에 수많은 혜성과 소행성이 충돌했으니 이 물이 쌓여서 생겼다고 볼 수 있다. 지구도 같은 방법으로 풍부한 물을 갖게 되었다는 설이 있다.

다른 설로는 달에서 물이 생겼다는 게 있다. 달은 태양에서 나오는 입자를 끊임없이 받고 있다. 태양에서 나오는 수소 역시 일부가 달의 토양에 흡수된다. 이 수소가 토양에 있는 산소와 결합하면 물 분자가 된다. 이 과정에 오랜 세월 동안 꾸준히 이어진 결과 지금처럼 물이 생겼다는 것이다.

대기의 보호를 받는 지구와 달리 달 표면에 있는 물은 낮 동안 뜨거운 열기에 증발해 날아가 버렸을 것이다. 그래서 지구처럼 물이 쌓이지 못했는지도 모른다. 그러나 앞에서 언급했듯이, 달의 극지나 동굴 같은 장소에는 일 년 내내 태양 빛이 거의 닿지 않는 그늘진 곳이 있다. 이런 곳에 물이 있다면 깊은 지하가 아니라도 증발하지 않고 지금까지 얼어붙은 채 남아 있을 것이다. 이런 물은 우리가 달로 진출하는 데 귀중한 자원이 될 것이다. 물을 구하기 쉬운 곳은 최초의 달 거주지를 지을 유력한 후보지가 된다.

## 달에 생명체가 있었을까?

옛날 사람들은 달에도 생명체가 있다고 상상했다. 지구와 똑같이 사람과 동식물이 산다고 생각했던 사람도, 신화에 나올 법한 기괴한 생물이 산다고 생각했던 사람도, 곤충처럼 생긴 기괴한 외계인이 산다고 생각했던 사람도 있었다.

그러나 직접 가본 달의 풍경은 실망스러웠다. 까만 하늘에 사방으로 펼쳐진 회색 땅은 보기만 해도 생명과는 거리가 멀어 보였다. 현재 달에는 생명체가 없다. 달에서 가져온 월석에서도 생명체의 흔적은 전혀 없었다. 그런데 우리가 알 수 없는 과거에도 그랬을까? 달은 태어난 이래 지금까지 전혀 생명체를 품지 못했을까?

앞서 살펴봤듯이 30~40억 년 전에는 현재 화성의 두 배에 달하는 대기가 있었다. 물도 있었다. 같은 시기에 지구에서는 광합성을 하는 미생물이 탄생했다. 만약 그때의 달이 지금보다 따뜻해 물이 액체 상태로 존재했다면 생명체가 탄생했을 수도 있지 않을까? 오래 살아남아 진화하지는 못했지만, 미생물 같은 생명체가 잠시 살았을 수도 있지 않을까? 앞으로 달을 구석구석 탐사할 수 있게 되면 불행했던 달 생명체의 흔적을 찾을 수 있을지도 모른다.

한편으로 달에서 지구의 초기 생명체 화석을 찾을 수도 있다. 과거에 다른 지구 생명체가 로켓을 타고 날아왔다는 게 아니다. 초기의 지구와 달에는 수시로 운석과 소행성이 날아와 충돌했다. 그러면 파편이 높이 솟아오르는데, 그중 일부는 지구를 벗어나 달에 떨어졌을 수도 있다.

이런 파편에 초기 미생물이 있었다면, 지금은 화석으로 남아 있을 것이다. 운이 좋게 달의 물웅덩이에 떨어졌다면 그곳에서 잠시 살며 진화했을 수도 있다. 만약 미래의 달 탐사에서 이런 암석을 발견한다면 화석을 조사해 지구에서 태어난 초기의 생명체가 어떤 모습이었는지 알아낼 수 있다.

상상일 뿐이지만, 달의 기후가 계속 온화했다면 어땠을까? 지구에서 날아간 생명체가 다른 방향으로 진화해 옛날 사람들의 상상처럼 우리와 비슷하면서도 다른 생명체가 살고 있었을지도 모른다. 그랬다면 달은 얼마나 더 흥미로울까.

# 미래는
# 달에 있다

## ☾
# 지구를
# 떠나야 하는 이유

조지 맬러리George Mallory라는 영국의 산악가가 있다. 1924년에 사상 처음으로 에베레스트산 정상에 오르는 사람이 되겠다며 원정을 떠났다가 정상 근처에서 실종된 사람이다. 맬러리의 시체는 75년이 지난 뒤에야 발견되었다. 맬러리가 정상에 오르는 데 성공했는지, 오르기 전에 죽음을 맞았는지는 영원히 알 수 없는 수수께끼로 남았다.

맬러리는 다른 일화로 유명하다. "왜 에베레스트에 오르려 하느냐?"는 질문에 "거기에 있으니까"라고 대답했다는 이야기다. 이런 일화가 으레 그렇듯이 맬러리가 이 말을 실제로 했는지는 확실하지 않다. 그럼에도 누군가 원대한 목표를 세울 때면 흔히 인용하곤 하는 유명한 말이 됐다.

달에 관해서도 똑같은 질문을 던질 수 있다.

"왜 달에 가려고 하는 걸까?"

맬러리처럼 "달이 거기 있으니까"라고 대답할 수도 있겠다. 누군가에게는 그 정도로 충분하겠지만, 동의하지 않는 사람도 많을 것이다. 달은 몇 명이 가방 짊어지고 훌쩍 떠날 수 있는 곳이 아니다. 미국은 소련보다 달에 먼저 착륙하기 위해 국가적으로 총력을 기울였다. 당시에도 달 탐사가 쓸데없는 짓이라며 비난한 사람이 있었다. 그 돈으로 가난한 사람을 돕는 게 훨씬 더 중요하다는 주장이었다.

지금도 달에 가려면 큰 비용과 인력이 필요하다. 지구에 산적해 있는 문제를 해결하는 데 쓰일 수 있는 자원을 달 탐사에 쏟아부으려면 당연히 그럴 만한 이유가 있어야 한다.

## 우주 대항해 시대

약 20만 년 전 아프리카 북부 어딘가에서 호모 사피엔스라는 종이 태어났다. 이들은 한때 인구가 천 단위까지 줄어드는 위기를 겪었지만, 끊임없이 새로운 땅을 개척하며 퍼져나갔다. 아프리카, 중동, 유럽, 아시아를 거쳐 아메리카 대륙, 호주 대륙까지 세계 곳곳으로 영역을 넓혀나갔다. 이렇듯 인간은 항상 새로운 곳을 개척하며 살아왔다.

15세기 이후의 대항해 시대에는 신기술을 손에 넣은 유럽인이 배를 타고 세계를 돌아다니며 유럽이 모르고 있던 땅을 탐험하며 지리상의 발견을 이끌었다. 유럽인의 관점에서 봤을 때의 이야기일 뿐이라는 비판적인 견해도 있지만, 미지의 세계 탐험이라는 흥미로운 소재와 낭만주의 사조의 결합은 많은 사람의 사고방식을 바꾸어놓았다.

이런 분위기는 당시의 소설에서 잘 느낄 수 있다. 《지구에서 달까지》를 쓴 쥘 베른은 화산을 통해 지하 세계로 내려가 온갖 시기한 현상을 목격하는 내용을 담은 소설 《지구 속 여행》을 썼고, 셜록 홈스의 창조자로 유명한 코난 도일도 아마존 어딘가에서 공룡과 같은 멸종한 생물이 살고 있는 지역을 탐사하는 내용을 담은 《잃어버린 세계》를 썼다. 쥬라기 공원 영화의 부제로 쓰인 잃어버린 세계가 바로 여기서 나온 것이다.

이제는 지구에 사람의 발길이 닿지 않은 곳은 별로 남지 않았다. 가장 높은 산인 에베레스트도 이제는 관광지라 불릴 정도로 수많은 사람이 올라가고 있다. 영화감독 제임스 캐머런James Cameron은 잠수함으로 세계에서 가장 깊은 바다인 마리아나 해구에 다녀왔다.

▲ 코난 도일의 《잃어버린 세계》에 수록된 삽화.

지구에 더 탐험할 곳이 없다면 당연히 우주로 나가야겠다고 생각하지 않을까? 앞서 살펴보았듯이, 우주여행이 가능해지기 한참 전부터 사람은 우주로 나가는 꿈을 꾸었다. 우주의 대항해 시대를 시작하기 위해서는 달을 먼저 개척해야 한다. 우주여행 기술을 시험하는 무대이자 더 먼 곳을 향한 출발점으로 삼기 위해서다.

## 달걀은 여러 바구니에

가기 싫다고? 편안한 지구를 군이 떠날 필요가 있느냐고? 물론 달을 개척하는 건 지구의 다른 곳으로 옮겨가는 것과 다르다. 훨씬 더 고단한 일이 될 테고, 조금만 잘못해도 목숨을 잃을 수 있다.

그럼에도 가야만 하는 이유가 있다. 생존이다. 우리는 지구에서 언제까지 살 수 있을까? 오랜 옛날 수천 명에 불과했던 인간은 이

© Taro Taylor

▲ 전 지구적인 화산 폭발이 일어나면 인류가 멸망할 수 있다.

제 70억 명이 넘었다. 북적이며 살아가는 인간의 활동은 지구를 위협하고 있다. 그 효과는 당장 우리도 느낄 수 있다. 유난히 덥거나 추운 이상기온, 강력한 태풍, 그에 따른 생태계의 변화는 굳이 먼 미래를 상상하지 않아도 당장 마주할 수 있는 문제다.

비록 지금은 인간이 번성하고 있지만, 파국은 순식간에 찾아올 수 있다. 과거 지구에는 셀 수 없을 만큼 많은 생물 종이 있었지만, 그중 대부분은 멸종했다. 상당수는 5차례 있었던 대멸종 때 영원히 사라졌다. 가장 심했던 2억 5000만 년 전 페름기 말의 대멸종 때는 해양 생물의 95퍼센트, 육상생물의 70퍼센트가 멸종했다.

이런 대멸종의 원인은 확실하게 밝혀지지 않았지만, 유력한 후보 중 하나는 화산 폭발이다. 어떤 이유에서인지 전 지구적으로 격렬한 화산 폭발이 일어났고, 그 결과 화산재가 태양 빛을 가리고 산성비를 내리게 해 생태계를 무너뜨렸다는 추측이다.

지진과 화산은 현재 과학기술로도 정확한 예측이 불가능하다. 설령 안다고 해도 슈퍼화산과 그로 인한 지진이 세계적인 규모로 일어난다면 막거나 피할 수 없다. 그대로 과거에 멸종된 다른 생물의 전철을 따르는 수밖에. 달걀을 한 바구니에 담아 놓을 때의 문제란 바로 이렇다. 달이나 화성에도 사람이 이주해 살고 있다면 최소한 멸종은 면할 수 있을 것 아닌가.

## 공룡처럼은 되지 말아야지

과거의 대멸종 중에 원인이 밝혀진 사례도 하나 있다. 가장 최근인 6500만 년 전에 있었던 일이다. 중생대에 지상을 활보했던 공룡은 이로 인해 지구에서 완전히 사라지고 말았다. 이 멸종을 일으킨 것은 우주에서 날아온 소행성이었다.

지질학자는 지층을 분석해 과거를 연구한다. 중생대 백악기와 신생대의 팔레오기의 지층을 조사하면 그 사이에 얇은 회색 퇴적층이 있다. 이 층을 기준으로 더 이전 시대는 백악기로 공룡의 화석이 나오지만, 그 이후에는 공룡이 나오지 않는다. 그렇다면 이 회색 선에 공룡을 멸종시킨 범인의 실마리가 들어있다는 소리다.

누가 처음부터 공룡이 순식간에 멸종했다고 생각했을까. 미국의 지질학자 루이스 알바레즈Luis Alvarez와 아들인 월터 알바레즈 Walter Alvarez는 회색 지층이 얼마나 오랜 시간에 걸쳐 쌓였는지를 알아보기 위해 이리듐이 얼마나 들어있는지 조사했다. 이리듐은 지표면에서는 찾기 힘든 원소다. 지구가 생길 때 있었던 이리듐은 깊은 곳으로 가라앉아 지표면에는 거의 남아 있지 않다.

그러나 우주 먼지나 운석, 소행성에는 이리듐이 많이 들어있다. 지구에는 끊임없이 우주에서 먼지와 운석이 떨어져 내리므로 이 경계층의 이리듐 양을 알면 얼마나 오랜 시간 동안 쌓였는지 추측할 수 있다는 생각이었다.

그런데 결과는 놀라웠다. 무려 회색 경계층에 들어있는 이리듐의 비율은 다른 곳의 무려 30배에 달했다. 알바레즈 부자는 평소수준으로 쌓이는 이리듐으로는 이 결과를 설명할 수 없다고 생각했다. 백악기와 팔레오기 사이에 지구 밖에서 이리듐이 한꺼번에 날아와 쌓인 것이다. 즉, 먼지나 운석에 의해 조금씩 쌓인 게 아니라 뭔가 거대한 녀석이 날아왔다는 소리다.

공룡을 비롯해 수많은 생명체를 날려버린 녀석은 지름이 10킬로미터가 넘는 소행성이었다. 이어진 연구 결과 소행성이 충돌한 자리도 찾을 수 있었다. 멕시코의 유카탄 반도였다. 칙술루브 충돌구라고 부른다. 이 충돌구는 지름이 180킬로미터, 깊이는 20킬로미터에 달해 눈으로 봐서는 소행성 충돌의 흔적이라는 사실을 알아채기 어려울 정도다.

10킬로미터짜리 소행성이라고 하면 지구에 비해 작아 보이지만, 초속 수십 킬로미터로 충돌하기 때문에 엄청난 에너지가 나온다. 히로시마에 떨어진 원자폭탄 수백억 개가 동시에 터진 것과 같다. 충돌 장소 근처에 있던 동식물은 순식간에 증발하여 사라진다.

그와 함께 엄청난 파편이 우주로 날아오르며, 바다에는 높이가

▶ 백악기와 팔레오기의 경계층을 보여
주고 있는 루이스와 월터 알바레즈.

100미터가 넘는 쓰나미가 생겨 지상을 휩쓴다. 우주로 날아간 파편은 이후 다시 지구로 떨어져 연속으로 충돌이 일어난다. 뜨거운 파편과 먼지가 공기를 뜨겁게 달궈 생명체가 살기 어렵게 만든다. 그 뒤에는 하늘 높이 올라간 먼지가 태양 빛을 가려 식물의 광합성을 방해한다. 충돌 당시에 살아남았던 생물도 오랫동안 이어지는 추운 겨울을 견디기는 어려웠을 것이다.

## 소행성 충돌 대비는 달에서

지구에는 이런 충돌의 흔적이 곳곳에 남아 있다. 미국 애리조나 주에 있는 배린저 충돌구를 보자. 지름이 1킬로미터 남짓에, 깊이는 170미터다. 5만 년 전에 생긴 이 충돌구를 만든 소행성의 크기는 약 50미터다. 비교적 최근에 생긴 데다가 사막에 있었기 때문에 풍화 작용을 덜 받아 지금까지 꽤 온전한 모습을 간직하고 있다.

문명이 시작된 뒤로도 위기가 있었다. 1908년 러시아의 퉁구스카 강 근처의 밀림에서 커다란 공중폭발이 일어났다. 충격파로 인해 나무 수천만 그루가 한꺼번에 쓰러졌다. 근처에서 기르던 가축이 불에 타 떼죽음을 당하기도 했다. 당시에는 원인 불명의 사고였지만, 21세기 들어 현장에서 운석 파편이 발견되면서 소행성이 원인으로 드러났다. 지구로 날아오던 소행성이 공중에서 폭발해 생긴 사건이었다.

만약 이 소행성이 조금만 일찍 혹은 늦게 지구로 날아왔다면 아무도 없는 시베리아 한복판이 아니라 수많은 사람이 사는 도시에 떨어졌을 수도 있었다. 그랬다면 지구의 역사는 다르게 펼쳐졌을 지도 모를 일이다. 그 대신 소행성의 위협을 지금보다 더 심각하게 받아들이고 있을 것은 분명하다.

국제천문연맹은 소행성의 충돌 위협과 예상 피해를 나타내는 '토리노 척도'를 갖고 있다. 총 11등급으로 나뉘어 있는데, 0등급과 1등급은 걱정하지 않아도 되는 소행성이다. 2, 3, 4등급은 천문학자가 주의해서 살펴봐야 할 소행성이다. 지구에 충돌해 피해를 줄 확률이 1퍼센트 정도로 낮다.

5등급부터는 조심해야 한다. 5, 6, 7등급은 확실하지는 않지만 충돌할 가능성이 크며 큰 피해를 입힐 수 있는 소행성이다. 이 경우 천문학자는 궤도를 확실히 알아내기 위해 매우 주의해서 살펴봐야 한다. 정부는 비상사태 계획을 세워야 할 수도 있다.

충돌이 확실한 소행성은 8, 9, 10등급에 들어간다. 지구에 끼칠 피해가 클수록 높은 등급을 받는다. 9등급 소행성은 대형 쓰나미로 넓은 지역을 황폐화할 수 있으며, 1만~10만 년에 한 번꼴로 발생한다. 가장 강한 10등급은 인류 문명이 멸망할 정도로 파괴적인 영향을 끼친다. 일어날 확률은 10만 년 이상에 한 번꼴이다.

'미래에 이런 일이 일어날 수 있을까?'라는 질문은 잘못된 질문이다. 언제일지가 문제일 뿐 소행성이 충돌하는 일은 분명히 일어나게 되어 있다. 이에 대비하려면 태양계에 떠다니는 위협적인 소행성을 모두 찾아 궤도를 정확히 계산해야 한다. 또, 어떤 규모의 소행성이 얼마나 자주 충돌하는지도 알면 앞으로 그런 일이 얼마나 자주 생길지 알 수 있다.

그런데 지구에서는 과거 운석 충돌의 흔적을 찾기 어렵다. 지구가 살아있는 행성이기 때문이다. 지질 활동으로 지각이 가라앉아 녹기도 하고 용암이 흘러나와 땅을 덮기도 한다. 그렇지 않아도 오랜 세월 동안 비바람에 깎여나가고 동식물이 살다 보면 충돌구는 알아보기 어려울 정도로 변한다.

다행히 바로 옆에 있는 달에는 과거 운석 충돌의 흔적이 고스란히 남아 있다. 지질 활동도 대기도 없기 때문이다. 대기가 없으니 지구에서라면 마찰로 불타 버렸을 작은 운석도 지상에 충돌할 수 있다. 달의 크레이터를 연구하면 오랜 예전부터 운석이 어떤 빈도로 달에, 그리고 지구에 충돌했는지 파악할 수 있을 것이다. 이러나저러나 달에 가야 할 이유가 또 있는 셈이다.

## 소행성 충돌을 막는 법

아서 클라크의 소설 《신의 망치》는 미래에 지구로 날아오는 소행성을 막는 과정을 그린다. 인류가 달과 화성에 진출해 살고 있는 미래의 어느 날, 지구를 향해 다가오는 소행성이 발견된다. 이 소행성에 붙은 이름은 파괴의 여신, 칼리.

칼리가 지구에 충돌하는 일을 막기 위해 우주선 골리앗이 출동한다. 골리앗에는 강력한 추진기가 실려 있다. 이 추진기를 설치한 뒤 소행성을 움직여서 지구를 비켜나가게 하는 게 목적이다. 소행성의 크기에 비해 추진력은 매우 약하기 때문에 움직일 수 있는 건 고작 몇 센티미터에 불과하다.

© Andrzej Mireck

▲ 소행성에 이런 돛을 설치한다면 느리지만 궤도를 바꿀 수 있다.

그렇지만 궤도를 몇 센티미터만 바꿔도 지구에 도착했을 때쯤에는 그 차이가 커진다. 멀리 있는 나무를 향해 직선으로 걸어간다고 생각해보자. 처음에 방향을 조금만 잘못 잡아서 나중에는 목표인 나무에서 아주 멀리 떨어진 곳으로 가게 된다.

이 소설에서 실패했을 경우 대안으로 등장하는 건 핵폭탄이다. 지구에 충돌하기 전에 우주에서 폭파하는 것이다. 그러면 대규모의 큰 충돌은 막을 수 있을지 몰라도 무수한 파편이 비처럼 내리는 일이 생길 수도 있다. 큰 것 한 방이 나을지, 작은 것 여러 방이 나을지는 선택에 달려 있다.

클라크가 다루지는 않았지만, 실제로 지구로 다가오는 소행성을 막을 방법에 관한 아이디어는 여러 종류가 있다. 로켓 추진기로 밀거나 폭파하는 방법 외에, 예를 들면, 레이저나 태양 빛으로 달구자는 제안도 있다. 소행성을 뜨겁게 달구면 내부에 있던 휘발성 물질이 간헐천처럼 뿜어나온다. 그러면 작용–반작용 법칙에 따라 소행성의 궤도가 변한다.

혹은 거대한 돛을 이용하면 어떨까. 우주에서 돛이라니 당치도 않은 소리 같지만, 우주에도 바람이 분다. 바로 태양에서 분다. 태양 빛, 즉 태양에서 나오는 광자는 아주 미약하지만, 물체에 압력을 가한다. 우리가 햇빛을 쬘 때도 광자의 압력을 받고 있다. 너무 약해서 느끼지 못할 뿐이다. 그런데 아주 넓은 돛을 펼친다면 이야기가 달라진다. 지구로 다가오는 소행성에 거대한 돛을 설치하면 태양 빛의 힘을 받아 소행성이 느려진다. 속도가 바뀌면 궤도가 달라져 소행성이 빗나가게 할 수 있다.

기술이 고도로 발달하면 소행성 정도는 아무렇게나 움직일 수 있게 될지도 모른다. 그러면 소행성 충돌 걱정이 사라질까? 아니, 오히려 반대일 것이다. 전쟁이라도 일어난다면 소행성이 대량살상무기로 돌변하기 때문이다. 지구와 화성 사이에 분쟁이 일어나

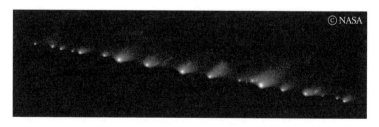

©NASA

▲ 1994년 슈메이커-레비 혜성은 목성의 조석력에 쪼개진 채 목성에 충돌했다. 지구에도 이런 일이 일어나지 말라는 법은 없다.

전쟁이 벌어진다면 소행성대 근처에 있는 화성이 지구를 겨냥해 소행성을 마구 던질 수도 있다.

《코스모스》의 저자인 천문학자 칼 세이건은 소행성을 움직이는 기술이 양날의 검이라고 했다. 없으면 소행성 충돌을 막지 못해 멸망하고, 있으면 서로 싸우다 멸망한다는 것이다. 그래서 클라크는 우주 비행 기술을 반드시 갖춰야 한다고 주장한다.

"우주 비행 기술이 없다면 우리는 멸종당해도 할 말이 없다."

## 인류의 영원한 생존을 위해

인류는 언제까지 살아갈 수 있을까? 100년도 살지 못하는 우리는 수십 억 년 뒤의 우리 모습을 상상조차 하지 못한다. 인류의 미래는 모르지만, 태양계의 미래는 알 수 있다. 태양계는 분명히 종말을 맞이하게 되어 있다.

이것이 또 다른 지구 멸망 시나리오다. 태양의 미래는 거의 정해져 있다. 지금처럼 핵융합으로 에너지를 만들면서 점점 밝고 뜨거워진다. 약 50억 년이 지나면 적색거성이 되고, 덩치가 커져 수성과 금성 궤도까지 잡아먹는다. 지구까지 잡아먹을 수도 있다. 그러나 더 이상 핵융합을 하지 못하면, 백색왜성으로 쪼그라든다. 태양은 질량이 작아서 중성자성이나 블랙홀이 되지 못한다.

지구가 태양의 최후를 볼 일은 없다. 적색거성 단계에서 태양에 먹혀버릴 테고, 그보다 훨씬 전에 지구는 인간이 살기 어려운 곳이 될 것이다. 태양은 지금 이 순간에도 서서히 더 뜨겁고 밝아지고 있다. 1억 년에 1퍼센트 정도 밝기가 늘어난다. 우리가 온실효과를 아무리 잘 관리한다고 해도 수억 년 뒤면 지구는 태양 때문에 더워진다. 10억 년쯤 지나면 오히려 화성이 지구보다 더 살기 좋은 환경이 될지도 모른다.

화성으로 도피해도 끝이 아니다. 결국, 태양계는 인간이 살 수 없는 곳이 된다. 인간의 멸종은 정해져 있다. 이를 피할 수 있는 유일한 방법은 거주 가능한 외계 행성을 찾아 떠나는 것이다. 별과 별 사이의 거리를 이동하는 건 달이나 화성에 가는 것과 차원이 다르지만, 몇억 년 뒤의 일이므로 아직은 방법을 찾아볼 시간이 많다. 그러기 위해서는 달을 시작으로 차근차근히 우주 비행 기술을 쌓아가야 한다.

## 달에 가면 좋은 점

너무 심각한 이야기만 한 것 같은데, 가까운 미래를 볼 때 달에 가서 생기는 좋은 일에 관해서도 살펴보자.

요즘 환경에 끼치는 영향과 함께 에너지 문제가 점점 커지고 있다. 화석 연료를 쓰자니 온실가스가 생기고, 원자력 발전을 하자니 방사성 폐기물 처리가 곤란하다. 어느 쪽을 선택해도 지구의 미래와 우리 후손에게 좋지 않은 영향을 끼칠 수밖에 없다. 태양광이나 풍력 같은 신재생 에너지도 활용하고 있지만, 점점 늘어나는 에너지 소비량을 만족시키기에는 역부족이다.

이런 상황에서 기대하고 있는 기술이 핵융합 발전이다. 핵융합 발전은 여러 가지 면에서 장점이 있다. 먼저 후쿠시마 사고 이후로 심각하게 여기고 있는 안전 문제가 없다. 연쇄 핵분열 반응을 억제해야 하는 원자력 발전과 달리 핵융합은 문제가 생기면 저절로 멈추고 만다. 폭발할 걱정을 할 필요가 없다. 방사성 폐기물도 거의 나오지 않으면서 약간의 연료로도 엄청난 에너지를 만들 수 있다. 핵융합에 필요한 원료도 손쉽게 구할 수 있다. 중수소는 널려 있는 바닷물에서 뽑아내면 된다.

핵융합에는 몇 가지 종류가 있는데, 가장 장점이 많은 방법이 헬륨의 동위원소 중 하나인 헬륨3와 중수소를 이용하는 것이다. 이 방법은 방사성 물질이 나오지 않는다.

문제는 헬륨3가 지구에 거의 없다는 점이다. 하지만 달에는 헬륨3가 풍부하다. 태양풍을 타고 날아온 헬륨3가 오랫동안 달에 쌓여왔기 때문이다. 달의 토양에 열을 가해 헬륨3를 분리해낸다면 무궁무진한 핵융합 연료를 얻을 수 있는 셈이다. 아직은 핵융합 발전 기술이 완성되지 않은 상태지만, 미래에 핵융합 발전이 가능해진다면 달에는 엄청난 경제적 가치가 생긴다. 달 거주지도 지구에 의존할 필요 없이 자체적으로 에너지를 공급할 수 있다.

## 과학과 삶의 질을 높인다

달에 대기가 없다는 점은 생존을 힘들게 하지만, 이를 반기는 사람도 있다. 바로 천문학자다. 400여 년 전 처음 등장한 이래 망원경은 천문학자에게 없어서는 안 될 귀중한 도구가 되었다. 지금도 마찬가지다. 천문학자는 좀 더 우주를 자세히 보기 위해 망원경을 설치할 최적의 장소를 찾아다닌다. 지구에서는 대기 상태가 좋은 몇몇 장소, 하와이의 산이나 칠레의 아타카마 사막에 많이 몰려 있다.

더 좋은 관측 환경을 위해서는 아예 우주로 올려보낸다. 허블 우주망원경이 좋은 예다. 우주에서는 대기의 방해를 받지 않고 관측할 수 있다. 만약 달을 개발할 수 있다면 달에 망원경을 설치하는 것도 좋은 아이디어다. 달은 사실상 진공이나 마찬가지고, 망원경이 고장 나도 기술자가 직접 가서 고칠 수 있다. 아무래도 멀리서 원격으로만 망원경을 조작하는 것보다는 훨씬 편리할 것이다.

물론 달 먼지가 일으킬 수도 있는 고장이나 달 표면의 극심한 온도 변화 등 해결해야 할 문제도 있다. 그럼에도 천문학자라면 새로운 선택지가 생긴다는 데 기뻐할 것이다. 달 자체에 관해서도 더 자세히 연구할 수 있는 것은 물론이다.

또 기뻐할 사람으로는 우주비행사가 있을지 모른다. 우주에서 장기간 지내는 데는 무중량상태인 우주정거장보다는 작지만, 중력이 있는 달이 나을 수 있기 때문이다. 우주에서 오랜 시간을 보내면 뼈의 밀도가 작아지고 근육량이 줄어드는 등의 부작용이 생긴다. 우주정거장에만 의존해 우주 비행 기술을 개발한다면 인간의 건강이 크게 위협받는다.

달의 중력은 지구의 6분의 1에 불과하지만, 아예 없는 것보다는 나을 수 있다. 일부 과학자는 달의 중력이 무중량상태가 몸에 끼치는 부작용을 줄여준다고 생각한다. 활동하기에 더 편한 것도 사실이다.

만약 달에 평범한 사람이 이주해 살 수 있다면 몇몇 사람에게는 지구보다 나은 생활 터전이 될 수도 있다. 근력이 약한 노인이나 신체 일부가 불편한 장애인은 중력이 가혹한 지구보다 달에서 사는 게 더 편안하게 움직일 수 있다.

우주 탐사라는 측면에서 보면 지구에 달이 있는 건 큰 행운이다. 달이 없었다면 지구에서 가장 가까운 천체는 금성이나 화성이 되었을 테고, 그러면 처음부터 우주선을 타고 다른 행성으로 가겠다는 꿈조차 꾸지 못했을지도 모른다. 고개만 들면 고향이 보이는 곳에서 우주 탐사를 연습할 수 있다니 얼마나 운이 좋은 일인가.

## ☾
# 황량한 달 위에
# 그림 같은 집 짓기

　달에 가서 살기로 마음을 먹었다면, 이제 구체적으로 그 방법을 생각해보자. 근처에 있는 산으로 캠핑을 떠나는 것과는 전혀 다르다. 초기에는 아폴로 계획 때처럼 고도의 훈련을 받은 전문가가 기지 건설 임무를 맡아야 할 것이다. 안정화되면 거주민과 관광객도 받을 수 있겠지만, 철저하게 준비하지 않으면 달은 언제든지 거대한 우주 무덤이 되어 버릴 수도 있다.

　달에 거주지를 지으려면 결정해야 할 사안이 한두 개가 아니다. 일단 하나씩 짚어나가 보자. 먼저 위치다. 지구에서도 어디에 살 것인지 결정하는 일은 언제나 중요했다. 그래서 풍수지리 같은 것도 나오지 않았는가. 물론 풍수지리야 미신으로 치부할 수 있다. 하지만 물을 구하기 쉽고, 농사를 짓거나 가축을 기르거나 사냥을 하기 좋고, 기후가 온화한 곳일수록 사람이 살기 좋은 건 사실이다. 그중에서 교통이 좋거나 다른 그럴 만한 이유가 있는 곳은 도시로 발전했다.

달에서도 살 곳을 정할 때 다양한 요소를 고려해야 하는 건 맞지만, 고려해야 할 항목은 지구와 꽤 다르다. 기후야 어디를 가도 혹독해서 사람이 맨몸으로 살 수 있는 곳은 없다. 배산임수처럼 산을 등지고 강을 바라보며 살 수도 없다. 달에도 풍수지리가 있다면 지구와는 매우 다를 것이다.

## 달에서 살기 좋은 곳은 극지

달에 첫 번째 거주지를 짓는다면 어디가 가장 좋을까? 유력한 후보는 달의 극지방이다. 지구의 극지방은 춥고 살기 어려운 곳이지만, 어차피 달에는 기후가 온화한 곳이 없다. 대신 달에서는 태양 빛을 오래 받을 수 있다. 지구의 극지방을 생각해보자. 북극이나 남극 근처의 위도가 높은 지역에서는 여름이 되면 해가 지지 않는다. 이런 현상을 백야라고 한다. 반대로 겨울이 되면 해가 뜨지 않는 극야 현상이 일어난다. 극지에 산다면 백야와 극야가 번갈아 일어나면서 매우 긴 낮과 밤을 겪는다.

이런 현상이 생기는 건 지구의 자전축이 기울어져 있기 때문이다. 북극이 태양 쪽으로 기울면 북극에 백야가 일어나고 남극에 극야가 일어난다. 반대로 기울면 북극과 남극의 처지가 바뀐다.

달에서도 마찬가지이긴 한데, 상황이 조금 다르다. 달의 자전축은 거의 기울어져 있지 않아 수직으로 서 있는 수준이다. 따라서 달의 극지에서는 태양이 1년 내내 지평선 근처에 떠 있다. 언덕 정

Part 4

275

상처럼 그림자가 지지 않는 지형은 1년 내내 태양 빛을 받을 수 있다는 소리다. 최초로 짓는 달 거주지는 태양광 발전에 의존해야 할 가능성이 매우 크다. 따라서 항상 태양 빛을 받을 수 있다는 건 아주 큰 장점이 된다. 그뿐만 아니라 태양 빛이 항상 옆으로 들어오기 때문에 온도 변화도 적다.

반대로 극지에는 지형에 따라 영원히 그림자가 지는 곳이 있을 수 있다. 이런 곳은 물이 얼음 상태로 쌓여 있을 수 있다. 달에서도 물을 쉽게 구할 수 있느냐는 살 곳을 찾는 데 중요한 조건이다. 거주지 가까운 곳에서 물을 구할 수 있다는 점 때문에 극지는 유력한 달 거주지 후보가 될 수 있다.

지금까지 극지에서 여러 후보를 찾았는데, 대표적으로 북극에는 피어리 크레이터가 있다. 북극점에 가장 가까운 대형 크레이터로, 미국의 극지 탐험가 로버트 피어리의 이름을 땄다. 2004년 미국 존스홉킨스대 연구진은 피어리 크레이터의 가장자리의 산지에 거의 언제나 태양 빛을 받는 곳이 있다는 연구 결과를 발표했다. 일본의 달 탐사선 셀레네는 피어리 크레이터를 조사한 결과 일 년의 89퍼센트에 해당하는 기간 동안 태양 빛을 받는다는 사실을 밝혔다.

남극에서 유력한 후보는 섀클턴 크레이터다. 영국의 남극 탐험가 어니스트 섀클턴Ernest Henry Shackleton의 이름을 딴 이 크레이터의 가장자리에도 일 년의 80~90퍼센트 동안 태양 빛을 받는 곳이 있다. 안쪽에는 영구적인 그늘이 있어 물이 있다면 얼음 상태로 남아 있을 수 있다. 조사 결과, 물이 있을 가능성이 큰 지역이다. 한편 나중에 적외선 망원경을 설치하기에도 좋은 장소로 주목받고 있다. 따뜻한 곳에서는 적외선이 나와 방해가 되기 때문이다. 항상 그늘이 져 온도가 매우 낮은 곳에 설치하면 방해를 받지 않을 수 있다. 남극이 북극보다 물이 있을 가능성이 커서 NASA도 남극을 유력한 후보지로 보고 있다.

## 지하 동굴 살이

달의 다른 지역은 어떨까. 극지를 벗어나면 태양광 발전으로 거주지를 유지하기에 어려움이 생긴다. 낮에는 괜찮지만, 밤에는 전력을 생산할 수 없기 때문이다. 달의 낮과 밤은 각각 2주 가까이 되니 평소에 전력을 충분히 저장해두지 못하면 2주 동안이나 영하 150도로 내려가는 달의 밤을 견디기 어렵다.

에너지 기술이 더 발전해 핵융합 발전이 가능해진다면 달 앞면의 적도가 좋은 선택일 수 있다. 적도에는 극지방보다 핵융합의 원료가 되는 헬륨3가 더 많다. 태양풍을 정면으로 받기 때문이다. 게다가 우주선이 오가기에는 극지보다 적도가 더 낫다. 태양 빛을 잘 받아서 표면에 있는 물은 다 증발해버렸을 가능성이 크지만, 빛이 들어가지 않는 동굴을 잘 찾는다면 그 안에서 얼음으로 남아 있는 물을 구할 수 있을지도 모른다.

달의 뒷면은 일반 거주민보다 과학자가 더 좋아할 것이다. 우주를 관측할 수 있는 망원경을 설치하는 데 더 유리하기 때문이다. 앞면에서는 항상 커다란 지구가 떠 있으므로 별을 가린다. 그리고 달 뒷면에 전파망원경을 설치하면 지구에서 날아오는 온갖 잡스러운 전파에 방해를 받지 않을 수 있다. 지구에서는 오래전부터 TV나 라디오를 비롯해 사람이 쓰는 갖가지 전파를 사방으로 쏘아 보내고 있다. 이런 잡신호가 전파망원경으로 들어가면 관측 결과를 망쳐놓을 수 있지만, 달의 뒷면에서는 지름 3500킬로미터짜리 돌덩어리가 깔끔하게 막아준다.

단점이라면 심리적인 고립감이 있다. 달의 뒷면에서는 지구가 보이지 않는다. 멀리 떨어져 있어도 고향 행성을 항상 하늘에서 볼 수 있다면 심리적으로 더 안정될 게 분명하다. 절대로 지구를 볼 수 없는 환경이라면 단절된 느낌이 훨씬 더 들지 않을까. 게다가 달의 뒷면에서는 지구와 직접 통신이 되지 않아 중계 위성을 통해야 한다. 만약 통신 중계에 이상이라도 생긴다면 그동안 달 거주민은 두려움에 떨지도 모른다.

또 다른 후보로는 동굴이 있다. 달에는 지질 활동이 없지만, 과거 용암이 흘러나온 결과 생긴 용암 동굴이 있다. 이런 동굴도 태양 빛이 닿지 않으므로 물이 있을 수 있다. 동굴 안에 거주지를 만든다면 온도 변화도 극심하지 않고 물이 가까운 데 있어 편리하다. 동굴에서 사는 게 찝찝할 수야 있겠지만, 두꺼운 동굴 벽은 장점이 충분하다. 운석 충돌이나 해로운 우주방사선을 막아줄 뿐만 아니라 벽으로 활용하면 귀중한 공기가 새어나가지 않도록 밀폐하는 일도 훨씬 쉽다.

## 뉴욕보다 비쌀 달의 집값

장소를 정했다면 건물을 지어야 한다. 처음부터 크고 멋지게 지을 수는 없다. 지구에서처럼 재료를 마음껏 쓸 수 있는 것도 아니다. 달까지 자재를 실어나르는 데는 엄청난 돈이 든다. 달 개척 초기에는 가능한 한 적은 재료로 안전하고 넓은 공간을 확보할 수 있도록 건물을 지어야 한다.

단기간의 체류라면 텐트 정도로 충분할 수 있다. 물론 평범한 텐트는 아니다. 합성 직물 몇 겹으로 만든 구조물을 가져간 뒤 공기를 넣어 부풀리는 방법이다. 외부는 태양 빛을 반사하도록 반짝이거나 하얗게 만들자. 밤에는 몹시 춥겠지만, 진공 상태이므로 단열은 그리 어렵지 않을 것이다.

오랫동안 사람이 머물며 살고자 한다면 본격적인 건물이 필요하다. 한정된 재료로 공간을 최대한 넓게 뽑아야 하니 돔 형태, 즉 땅위에 반구를 덮은 모양이 제격이다. 삼각형 프레임이 구의 표면을 덮고 있는 형태로, 적은 재료로도 튼튼한 구조를 만들 수 있다. 지구에서 건축 재료를 많이 가져올 수 없는 상황에서는 어쩔 수 없다.

앤디 위어의 소설 《아르테미스》에 등장하는 달 최초의 도시 아르테미스도 거대한 돔 다섯 개로 이루어져 있다. 각각의 돔은 6센티미터 두께의 벽이 1미터 두께의 분쇄 암석을 사이에 두고 두 겹으로 있는 형태다. 태양 빛도 전혀 들어오지 않게 되어 있다. 우주에서 떨어지는 작은 운석에 대비하려면 이 정도는 튼튼해야 할 것이다.

여기에 나오는 돔은 모두 반쯤 지하에 파묻혀 있다. 건물이 달의 지하로 들어가면 장점이 많다. 동굴 속에 지었을 때처럼 운석 충돌이나 방사선으로부터 안전해진다. 문제는 건설이다.

어떻게 땅을 팔 것인가. 우주복 입은 사람이 나서서 삽을 들고 팔 수는 없는 노릇이다. 지하에 건물을 지을 정도로 파려면 육중한 건설 기계를 이용해야 하는데, 이렇게 무거운 장비는 달까지 가져갈 방법이 없다. 적당히 분해해서 부품을 가지고 간 뒤 조립한다면 가능하겠지만, 로켓을 많이 발사해야 하므로 엄청난 비용이 들것이다. 대규모로 땅을 파고 건물을 짓는 일은 아마도 시간이 한참 지난 뒤에야 가능할 것이다.

만약 달에서 건설 재료를 직접 조달할 수 있다면 상황은 훨씬 낫다. 그래서 나온 아이디어가 달의 흙으로 벽돌이나 콘크리트를 만들자는 것이다. 지구처럼 액체 상태의 콘크리트를 만든 뒤 거푸집에 넣어 굳히는 방법은 당연히 쓸 수 없다.

그 대신 벽돌 같은 기본 블록을 만든 뒤 조립하는 방식이라면 해볼 만하다. 원하는 모양을 만들기 위해서는 3D프린터를 사용한다. 달의 흙에 접착제와 같은 역할을 하는 물질을 섞어서 3D프린터에 넣고 필요한 모양대로 찍어내는 것이다.

실제로 이런 연구가 이루어지고 있다. 아직 달에서 해보지는 못했지만, 지구에서 달의 흙과 성질이 비슷한 복제 흙을 만들어 모의 달 건축물을 만드는 실험을 하는 중이다. 3D프린터는 건설 외에 다른 용도로도 쓰일 여지가 많다. 장비를 고치는 데 필요한 부품이나 생활에 필요한 여러 가지 물건을 찍어낼 수 있다.

이 모든 게 성공한다고 해도 당분간은 지구에서처럼 화려한 저택을 갖기는 힘들 것이다. 달 위에 멋지게 설계한 건축물을 지으려면 달의 자원을 마음대로 이용할 수 있을 때까지 기다릴 수밖에 없다. 소설 아르테미스의 주인공이 사는 곳은 캡슐형 주택인데, 주택은커녕 방이라고 하기도 민망할 정도다. 문이 달린 밀폐형 침대로, 누워서 잠을 자는 게 고작이다.

우주에서 공간은 굉장히 값비싼 자원이다. 아폴로 우주선에 탄 우주비행사도 좁은 곳에서 일주일을 복닥거려야 했다. 드넓은 우주로 나가면서 좁은 공간에 갇혀야 한다는 사실이 참 얄궂지만, 어쩔 수 없다. 개척 초기에는 달의 부동산이 지구의 어느 곳보다도 비쌀 것이다.

## 달에 짓는 호빗 마을

현대 건축의 거장인 르코르뷔지에Le Corbusier는 "집은 살기 위한 기계"라는 말을 남겼다. 달에 오면 이 말은 더 확실한 사실이 된다. 비를 막아주는 지붕과 바람을 막아주는 벽만으로는 사람이 살 수 있는 공간을 만들 수 없다.

가혹한 환경으로부터 사람을 보호하려면 달의 건축물은 여러 가지 기능을 갖춰야 한다. 일단 쾌적한 내부 기온을 유지할 필요가 있다. 달의 표면은 태양 빛을 받으면 100도 이상으로 올라간다. 앞서 언급했듯이, 건물 외부를 태양 빛을 반사하는 물질로 코팅하면 내부 기온이 올라가는 것을 막을 수 있다.

혹은 달의 흙을 이용하는 수도 있다. 건물을 흙으로 덮는 방법이다. 달의 흙은 열 전도도가 낮아서 건물을 흙으로 덮으면 내부의 온도가 극심하게 변하지 않게 할 수 있다. 무엇보다 달의 흙은 사방에 널려 있으므로 재료 조달 걱정을 할 필요가 없다. 그렇게 만들면 일부는 지하에 파묻힌 듯한 건물이 될 것이다. 영화 '반지의 제왕'에 나오는 호빗의 주택을 떠올리면 된다.

건물을 흙으로 덮는 방법에는 또 다른 장점이 있다. 우주에서 날아오는 위협에 대한 보호막이 되어 준다는 점이다. 앞에서 동굴 속에 거주지를 만들면 방사선과 미소 운석을 막을 수 있다는 이야기를 한 바 있다. 마찬가지다. 지구에서라면 두터운 대기가 막아주었을 테지만, 대기가 없는 달에서는 다른 보호 수단을 갖춰야 한다. 달에 풍부한 알루미늄을 이용해 차폐 물질을 만들 수도 있다.

흙으로 덮인 달의 건축물은 반쯤 땅속에 묻힌 토굴 같은 모양이 된다. 이런 건물이 옹기종기 모여 마을을 이룬다면 영화 '반지의

ⓒ ESA

▲ 달 거주지의 상상도.

제왕'에 나오는 호빗 마을과 비슷한 모습이 되지 않을까? 물론 주변 풍경은 전혀 다르겠지만 말이다.

## 달은 자급자족 사회

제대로 건물을 지었다면 이제 내부를 생각해보자. 사람이 생존하는 데 가장 중요한 물질 두 개는 바로 산소와 물이다. 산소는 어렵지 않다. 달에는 대기가 없을 뿐 산소는 많다. 지구의 지각을 구성하는 물질의 50퍼센트는 산소다. 달의 구성 성분도 지구와 비슷하다고 하지 않았던가? 달의 흙도 40퍼센트 이상이 산소로 되어 있다. 흙 속에 들어있는 산소를 가능한 한 효율적으로 뽑아내는 기술만 개발하면 된다. 광합성으로 산소를 만드는 미생물을 활용하는 것도 한 방법이다.

물도 달에 있다. 얼음 상태의 물을 채집하거나 흙에서 뽑아 쓸 수 있다. 그런데 물이 많이 있는 지역에 자리를 잡지 못한다면, 물을 구하기 위해 먼 거리를 오가야 할 수 있다. 불편할 뿐만 아니라 잘못하면 사고가 날 수 있는 위험한 일이다. 웬만하면 물은 최대한 아껴야 한다. 다 쓴 물도 정수 처리해서 계속 재활용할 가능성이 크다.

필요하다면 물을 만드는 방법도 있다. 물은 산소 원자 하나와 수소 원자 두 개가 결합한 물질이다. 산소는 달의 흙에서 얻을 수 있다. 지구에서 수소만 가져와 산소와 반응시키면 물을 얻을 수 있다.

이뿐만 아니라 달에서는 많은 물자를 스스로 조달해야 한다. 필요한 것을 모두 지구에서 가져올 수는 없는 노릇이다. 특히 기반 시설을 건설하려면 금속이 많이 필요하다. 다행히 달에는 철이나 알루미늄 같은 금속이 있어 기술만 개발한다면 활용할 수 있다.

여러 가지 물건을 만드는 데 필요한 플라스틱도 자체 생산이 가능하다. 석유는 없어도 식물 원료나 미생물로 플라스틱을 만들 수 있다. 금속이든 플라스틱이든 달에서는 재활용이 매우 중요하다. 낭비할 여유 따위는 없다. 못 쓰는 전자제품에서도 금속 같은 유용한 물질을 최대한 뽑아 써야 한다.

마침내 자급자족을 넘어 달에서 필요한 것 이상을 생산한다면 오히려 지구로 수출할 수도 있다. 헬륨3처럼 지구에서 희귀한 물질이라면 귀중한 수출품이 될 것이다.

## 달의 농사꾼

식량은 어떻게 할까? 초기에는 지구에서 가져와야겠지만, 한계가 있다. 지구에만 의존하는 건 안전하지도 않다. 식량도 스스로 생산해야 한다.

영화 〈마션〉을 봤다면, 주인공 와트니가 화성에서 감자를 재배하는 장면을 흥미롭게 보았을 것이다. 사고로 인해 예정보다 훨씬 오랫동안 화성에서 살아야만 하는 처지가 된 와트니는 모자란 식량을 보충하기 위해 직접 농사를 짓는다. 고생 끝에 화성의 흙을 뚫고 초록색 새싹이 나타났을 때의 감동은 이루 말할 수 없다.

▲ NASA 연구원들이 수경재배 실험 중이다. 양파와 양상추, 무를 기르고 있다.

과연 달에서도 이런 일이 가능할까? 2014년 네덜란드 바게닝 겐대 연구진은 달의 흙과 비슷하게 만든 모조 흙에 토마토와 콩 같은 몇 가지 작물을 심었다. 물을 주고 기다린 결과 영화에서 나왔던 것처럼 새싹이 돋아났다. 달과 완전히 똑같은 환경은 아니었지만, 달의 흙에서도 작물이 자랄 가능성은 보여준 셈이다.

그러나 아직은 확인해야 할 게 많다. 달의 중력은 지구와 다르고, 달 거주지의 기압이나 공기 성분도 지구와는 다를 게 거의 확실하다. 지구에서처럼 질소를 80퍼센트나 갖고 있을 필요가 없기 때문이다. 이런 환경이 작물의 성장에 어떤 영향을 끼치는지 확인해야 한다.

태양 빛도 문제다. 인공조명에만 의지해서는 식물이 자라기에 충분한 광량을 제공하기 어렵다. 사람이 활동하기에는 적당한 광량도 식물에게는 태부족하다. 조명을 강하게 하려면 그만큼 에너지도 많이 든다. 그렇다고 해서 태양 빛을 직접 쏘여주려고 하다가는 작물이 우주방사선에 노출될 수도 있다. 작물의 DNA가 손상되면 성장과 번식에 문제가 생기거나 돌연변이가 될 수 있다.

이렇게 기른 작물이 안전하게 먹을 수 있는 것인지도 불확실하다. 농사를 지은 곳의 흙에 중금속과 같은 사람에게 해로운 물질이 들어있다면 거기서 생산되는 농작물은 먹을 수 없다. 흙을 정화하기 위해 여러 차례나 작물을 기르고 버리는 일을 반복해야 할 수도 있다. 아니면, 흙을 쓰지 않고 수경재배로 작물을 기르는 방법도 있다.

## 실험실 산 소고기

사람이 풀만 먹고 살 수는 없다. 적절한 영양 섭취를 위해서는 고기를 먹어야 한다. 삭막한 달에서 사는데 먹는 것까지 부실하다면 견딜 수 없을 것 같다.

안타깝게도 처음부터 달에서 고기를 마음껏 먹기는 어려울 것이다. 동물을 기르는 데 들어갈 자원을 감당할 수 없기 때문이다. 아마 거주지가 어느 정도 자리를 잡은 뒤에야 가축을 대량으로 기르려는 시도를 할 수 있을 것이다.

그래도 달에서 가축을 기르게 될지는 미지수다. 가축을 길러 그 고기를 먹는 행위는 에너지 효율성이라는 면에서 나쁘다. 소고기 1킬로그램을 얻으려면 곡물 6~8킬로그램을 사료로 써야 한다. 돼

지나 닭은 좀 더 낫지만 그래도 사람이 곡물을 먹는 편이 훨씬 효율적이다. 소나 돼지가 만들어낼 분뇨나 오·폐수 처리에도 에너지가 들어간다. 또, 이런 동물이 저중력에 어떻게 적응할지도 연구를 해봐야 한다. 달의 낮은 중력 때문에 근육이 덜 발달한다면, 생산할 수 있는 고기의 양도 줄어들지 않을까?

굳이 다른 동물의 살을 취해야 할 필요가 없다면, 인공 고기를

▲ 세포를 배양해 만든 고기. 구우면 맛이 어떨까?

▲ 곤충으로 만든 햄버거.

먹는 것도 한 방법이다. 동물의 근육세포를 배양해 실험실에서 고기를 만들어내는 방법이다. 이와 같이 만드는 인공 고기는 이미 연구가 되어 있다. 대량생산만 가능하게 한다면 달에서도 굳이 가축을 기를 필요 없이 맛있는 스테이크를 즐길 수 있다.

기르기가 훨씬 용이한 곤충을 이용해 단백질을 섭취하는 건 어떨까. 곤충 역시 단백질이 풍부한 미래 식품으로 각광받고 있다. 어느 쪽이든 거부감만 없앤다면 달에서 훌륭한 단백질 공급원이 될 수 있다. 미래에 우주로 진출한 우리 후손은 오히려 이런 고기를 더 선호할지도 모를 일이다. 살아있는 동물을 죽여서 고기를 먹는다는 행위를 야만적으로 볼 수도 있다.

## 달 도시를 위해

이제부터는 상상력을 발휘해보자. 선발대가 만든 조그만 거주지에서 시작해 많은 사람이 살 수 있는 달 도시까지 생각을 확장해보자.

처음부터 거대한 공간을 만들 수는 없으니 시작은 작은 돔일 것이다. 이런 돔이 여러 개 들어서고, 각각의 돔은 통로로 이어진다. 돔이 분리되어 있으면 어느 한 곳에서 화재나 공기가 유출되는 사고가 나도 다른 곳은 피해를 입지 않을 수 있다.

중장비가 들어오고 달에서 건설 재료를 구할 수 있게 되면 더 큰 돔을 지을 수 있다. 돔이 하나의 건물에 그치는 게 아니라 그 안에 건물이 여럿 들어서는 마을이 된다. 마을의 규모가 점점 커지면 도시라 할 수 있다.

그때쯤이면 달의 다른 지역에도 비슷한 마을이나 도시가 생길 것이다. 그러면 자연스럽게 도시와 도시를 잇는 교통수단이 있어야 한다. 도로를 깔고 월면 로버를 이용하거나 철로를 깔고 기차를 이용해 사람과 물자를 나른다.

지구와 달을 오가는 우주선이 이륙하고 착륙하는 선착장도 있어야 한다. 달에서는 화성이나 그 너머의 천체를 향해 여행할 기술을 개발하는 연구소도 있을 것이다. 중력이 6분의 1에 불과하므로 우주로 나가는 건 지구에서보다 훨씬 쉽다. 달의 궤도에는 우주정거장이 떠 있어서 화성으로 갈 거대한 우주선을 만들고 있을 수도 있다.

헬륨3를 비롯한 달의 자원을 지구로 수출할 때는 로켓 대신 질량 사출기를 이용하자는 아이디어도 있다. 사출기는 일종의 대포다. 전자기력을 이용해 화물을 우주로 쏘아 보내는 방식이다. 사람이 타지 않을 때는 굳이 로켓을 이용할 필요가 없다. 지구에서는 사출기를 쓰기 어렵지만, 중력이 작고 움직임을 방해하는 대기가 없는 달에서는 작은 속도로도 우주로 쏘아 보낼 수 있다. 지구 근처로 날아간 화물은 지구의 우주선이 와서 가져가면 된다.

기술이 더 발전한다면 달에 우주 엘리베이터를 건설하자. 황당하게 들리지만, 실현 가능성이 있는 아이디어다. 우주 엘리베이터는 지상에서 정지궤도까지 이어주는 거대 구조물이다. SF에는 자주 등장하며, 과학계도 어느 정도 실현 가능성을 긍정하고 있다.

정지궤도에 우주정거장을 띄우면 지상에서 볼 때 그 우주정거

© NA

▲ 지구로 화물을 보낼 때는 로켓을 쓰는 대신 이렇게 쏘아보낸다.

장은 언제나 한 장소에 고정되어 있다. 그러면 적도에서 우주정거장까지 선을 이었을 때 그 선은 지구 자전에 뒤틀리지 않고 놓일 수 있다. 이 선을 따라 엘리베이터를 놓으면 사람과 화물을 모두 안전하게 우주까지 오갈 수 있다. 엘리베이터 건설 재료로는 가벼우면서도 매우 튼튼한 탄소나노튜브 같은 물질이 꼽히고 있다.

달은 중력이 작아 지구보다 엘리베이터를 건설하기 더 쉽다. 지구와 달에 모두 우주 엘리베이터가 있다면, 우주선은 지상에서 이착륙할 필요 없이 엘리베이터 꼭대기의 우주정거장만 오가면 된

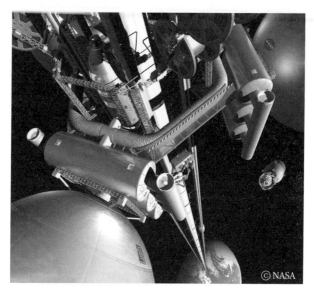

▲ 지구에 건설한 우주엘리베이터 상상도.

▲ SF작가 아서 클라크는 우주 엘리베이터 건설을 소재로《낙원의 샘》
이라는 뛰어난 소설을 썼다.

다. 꿈만 같은 이야기지만, 우리가 꾸준히 관심을 갖고 노력해 나
간다면 충분히 실현할 수 있는 미래다.

# ☾
# 푸른빛
# 달을 향해

　지금까지 지구에 살았던 사람을 모두 합하면 1,000억 명이 넘는다고 한다. 그중에서 달의 땅을 밟아본 사람은 단 12명에 불과하다. 다행히 아직 인류는 달에 관한 관심을 잃지 않았다. 정확히 언제가 될지는 알 수 없지만, 달에 도시가 들어서고 지구에서 사람이 이주하는 날이 올 것이다.

　사실 최초의 이주민은 엄선된 사람이 올 게 분명하다. 작은 실수 하나로도 목숨을 잃거나 도시를 위험에 빠뜨릴 수 있는 곳, 물과 공기를 비롯해 무엇 하나 함부로 낭비할 수 없는 여건은 무능력을 용납할 수 없게 만든다. 달에서는 백수가 설 자리가 없다. 여유 있고 편안한 삶도 기대하기 어렵다. 초기에 달에 정착할 사람들은 모두 유용한 지식과 기술을 갖춘 전문가여야 한다.

　이들의 노고 끝에 달 거주지가 안정을 찾는다면, 그제야 평범한 사람도 발을 들여놓을 수 있다. 그리고 곧 달에서 사람이 태어나는 날도 올 것이다.

회로가 변경되면서 딸깍 소리가 나더니 알 수 없는 웅성거림으로 가
득한 소음이 이어졌다. 그리고 달 전체와 지구의 절반에 아까 내가
이야기하기로 한 소리, 그러니까 내 평생에서 가장 경이로운 소리가
울려 퍼졌다.
그것은 갓 태어난 아기의 희미한 울음소리였다. 인류 역사상 지구 이
외의 장소에서 태어난 최초의 아이였다.

— 아서 클라크,《아서 클라크의 단편 전집 1953~1960》

황금가지, 2009, 454쪽.

아직은 지구 밖에서 사람이 태어난 적은 없다. 지금까지 살았던
1,000억 명 이상은 단 한 명도 빠짐없이 지구에서 태어났다. 우주
또는 지구가 아닌 다른 천체에서 터를 잡고 살면 자연히 그곳에서
도 누군가는 사랑을 하고, 임신을 하고, 아기를 낳을 것이다. 방금
인용한 이야기처럼 지구 밖에서 태어나는 최초의 아기는 온 인류
의 관심을 받을 게 분명하다.

아직 우리는 지구 밖에서 이루어지는 사람의 임신과 출산에 대
해 아는 바가 없다. 몇 차례의 동물 실험으로 알아낸 사실이 전부
다. 국제우주정거장에서 9개월 동안 냉동 상태로 머물다 지구로
돌아온 쥐의 정자는 평상시와 별로 다르지 않은 수정 비율을 보였
다. 태어난 새끼도 별다른 이상이 없었으며, 이들이 낳은 2세대 역
시 특별한 차이를 보이지 않았다. 우주정거장에서 9개월 동안 받

은 방사선이 DNA에 심한 손상을 일으키지 않았다고 생각할 수 있다.

그러나 쥐를 우주에 올려보냈던 사례 중에는 쥐의 난소가 줄어든 상태로 귀환하는 경우도 있었다. 사람도 이와 같은 영향을 받는다면 우주여행이 임신에 좋지 않은 영향을 끼칠 수도 있다는 소리다. 새끼를 밴 상태에서 무중력 상태에 머문 동물을 조사하면 태아의 일부가 정상적으로 발육하지 못한다. 더 마르고 긴 새끼가 태어나기도 한다.

달은 무중력 상태가 아니다. 지구의 6분의 1 정도인 중력이 있다. 저중력은 지구 근처에서 구현하기 훨씬 까다롭다. 무중력 상태에서 연구하고 싶다면, 우주정거장을 이용하면 된다. 우주비행사 훈련 때는 구토를 유발한다고 해서 흔히 '구토 혜성'이라고 불리는 비행기를 자유낙하시켜 30초 정도 무중력과 비슷한 상황을 만든다.

같은 원리로 저중력도 구현할 수 있긴 하다. 하지만 지속 시간이 30초 정도라 장기 체류할 때의 영향을 연구하기에는 턱없이 부족하다. 무중력 상태와 저중력 상태에서 임신과 출산이 어떤 차이를 보일지는 달에 거주지를 건설한 뒤에야 가능해질 전망이다.

## 달의 첫 세대

그래도 동물 실험을 토대로 예상해 보자면, 달에서 태어난 사람은 지구인보다 키가 클 것이다. 초등학생만 되어도 우리가 고개를 들어 봐야 할 수 있다. 호리호리하고 키만 훌쩍 큰 달 사람은 정말 우주인처럼 보이지 않을까.

그 대신 뼈와 근육은 약하다. 무중력 상태에서 오래 생활하면 뼈와 근육이 약해진다는 사실은 우주정거장에 체류한 우주비행사를 통해 확인했다. 영양 섭취를 철저히 하고 운동을 규칙적으로 하지 않으면 다시 지구에서 걷는 것을 힘들어하게 된다.

처음부터 달에서 태어난 사람은 아마 지구에 오지 못할 것이다. 자신의 몸무게가 갑자기 6배 늘어난다고 생각해보자. 누워서 잠을 잘 때조차 이 무게를 짊어지고 살아야 한다는 건데, 이것을 감당할 수 있는 사람은 없다. 뼈와 근육 대신에 몸을 지탱해주는 특수한 외골격 로봇의 도움을 받는다면 가능해질지는 모른다.

반대로 지구에서 이주한 사람은 달에서 더 큰 힘을 낼 수 있다. 갑자기 100킬로그램이 넘는 물건도 번쩍 들어 올리고 몇 미터 높이까지 훌쩍 뛰어오를 수 있으니 슈퍼히어로가 된 것처럼 느껴지지 않을까. 물론 꾸준히 운동을 하지 않는다면, 어느새 저중력에 적응해 힘이 약해진다.

이런 새로운 세대의 등장은 기성세대에게 엄청난 세대 차이를 느끼게 할 가능성이 크다. 두 눈으로 한 번도 푸른 하늘과 바다와 숲을 보지 못한 세대다. 이들에게 가장 역사적인 장소는 아폴로 11호의 착륙 장소다. 우리가 고궁이나 박물관에 가듯이, 이들은 달에 남아 있는 과거 탐사의 흔적을 구경하러 갈 것이다. 그때쯤이면 아마 그곳은 이미 관광지가 되어 있어, 지구에서 온 관광객으로 바글거릴 게 분명하다.

그런데 한편으로 이들은 굉장히 불행한 세대일 수 있다. 지구와는 완전히 분리되는 첫 번째 세대이며, 저중력 하에서 처음으로 태어났기 때문에 원인을 파악하지 못한 질병이나 몸의 이상으로 고통받을 수 있다. 간단히 말해서 전례가 없다. 물론 이들의 몸에 생기는 변화를 연구하면 앞으로 태어날 세대에게 많은 도움이 된다. 나아가 인류 전체의 의학 발전에도 공헌할 수 있겠지만, 희생자 입장에서는 기분이 좋을 리는 없을 것 같다.

## 달에서 태어나면 어느 나라 사람?

이렇게 달에서 태어난 사람은 어느 나라 국적을 갖게 될까? 미국이 달에 깃발을 가장 먼저 꽂았지만, 달은 미국의 소유가 아니다. 탐사선을 여러 차례 보낸 다른 나라 역시 달에 대한 소유권을 갖지 못한다. 1967년 미국과 영국, 소련은 외우주 조약을 만들었고, 100여 개 나라가 여기에 서명했다. 우리나라도 같은 해 여기에 서명했다.

이 조약에 따르면 달은 어느 국가의 소유도 될 수 없으며, 평화적인 용도로만 사용해야 한다. 따라서 달에서 사람이 태어나기 전까지 변화가 생기지 않는다면, 달에서 태어나는 사람은 부모의 국적에 따를 확률이 높다. 물론 지구로 돌아갈 가능성은 거의 없으므로 있으나 마나 한 국적이 될 것이다.

국적뿐 아니라 다른 법률에 관련해서도 복잡한 문제가 생긴다. 달에서 누군가 범죄를 저지른다면 어떻게 될까? 달 거주지가 어떠한 국가의 주도하에 생긴다면 그 나라의 법을 따르면 된다. 하지만 현실에서는 여러 국가가 협력해서 만들 가능성이 크다. 한 거수지에 제각기 다른 나라 사람이 어우러져 살게 된다. 미국인과 러시아인이 서로 폭행을 가하는 사건이 벌어진다면, 어느 나라의 법으로 재판을 해야 할까?

이는 아주 단순한 사례에 불과하다. 지금까지 이런 고민을 해야 할 필요가 없었기 때문에 구체적으로 정해진 바가 없다. 하지만 달 거주가 현실이 된다면 보나 마나 아주 복잡한 법률문제가 발생할 수 있다. 세상살이는 언제나 예상보다 복잡하기 마련이고, 그건 달이라고 해서 다를 게 없다.

인류가 본격적으로 달에 진출하기 전에 국제 사회에서 관련 규약을 만들 필요가 있다. 이미 달 자원 채취나 달 관광 같은 상업적인 활동을 두고 논란이 일고 있는 상황이다.

외우주 조약은 달에 대한 소유를 금지하고 있지만, 달 자원의 활용까지 금지하고 있지는 않다. 1979년 이런 일을 막기 위한 달 조약이 등장했다. 달 조약은 어떤 조직이나 사람도 달의 자원을 소유하지 못하도록 규정한다. 또, 모든 국가가 달을 비롯한 천체에서 연구를 할 수 있는 동등한 권리를 갖는다고 선언한다.

그러나 정작 우주 개발 능력이 있는 주요 국가는 달 조약에 서명하지 않았다. 그렇지 못한 일부 나라만 서명을 한 상태라 사실상 유명무실한 조약이다. 각 국가가 경쟁적으로 달에 진출한다면 헬륨3나 광물, 물 같은 자원을 두고 싸움을 벌이기 쉽다. 달에 갈 능력이 없는 국가는 구경밖에 할 수 있는 게 없으니 그건 그것 나름대로 슬픈 일이다.

## 지금 달은 몇 시?

골치 아픈 법률문제는 일단 제쳐두고 달 거주지의 생활은 어떨지 생각해보자. 기본적인 것부터가 지구와는 다르다. 일단 날짜와 시간은 어떻게 할까. 지구에서는 태양과 달의 움직임으로 일 년과 한 달, 하루를 정해서 쓴다. 달이나 다른 행성에 간다면 이 기준이 그곳의 환경과 맞아떨어질 리 없다. 달의 하루는 지구의 한 달이나 된다. 지구에서 진화한 우리의 몸으로는 해가 지면 자고 해가 뜨면 깨어나는 생활이 불가능하다.

따라서 태양의 위치와는 아무 상관 없는 시간대에 맞춰 생활해야 한다. 어차피 대부분의 시간을 태양 빛이 들어오지 않는 실내에서 보낼 테니 큰 문제는 아니다. 아마도 달 거주지를 건설하는 데 핵심적인 역할을 한 국가의 시간대를 따르지 않을까? 이렇게 아예 달의 환경을 무시하고 지구와 같은 시간을 쓰는 게 그나마 나아 보인다.

화성처럼 하루의 길이가 애매하면 시간을 정하기 더 힘들 수 있다. 화성의 하루는 약 24시간 40분이다. 지구의 시간을 따르면 매일 조금씩 시간이 어긋나 태양이 중천에 떠 있는데 시간으로는 밤이 되는 일이 벌어진다. 그렇다고 화성의 하루를 24등분 해서 새로운 시계를 만들면 지구의 시간과 맞지 않아 헷갈릴 수 있다.

사람이 달 전체에 퍼져 살 정도로 달 거주지 규모가 커진다면 지구와는 또 다른 재미있는 일이 생긴다. 태양의 위치에 따라 시간대를 달리할 필요가 없으니 달 전체가 똑같은 시간대를 사용할 수 있다. 지구에는 반드시 있어야 하는 날짜변경선이 달에서는 필요가 없다.

지구에서라면 서로 다른 지역에 사는 두 사람이 다음과 같은 대화를 나눌 때가 종종 있다.

"거기는 지금 몇 시야? 여긴 아침이야."

"여기는 저녁. 조금 전에 해가 졌어."

앞면이고 뒷면이고 상관없이 모두 똑같은 시간대를 사용하는 달에서는 내용이 다를 것이다.

"난 이제 점심 먹으러 가. 방금 외부에 나갔다 들어왔는데 해가 중천에 떠서 뜨겁더라."

"여기는 하늘에 아무것도 없어서 깜깜해. 이제 나도 점심 먹으러 가야겠다."

태양의 위치와 시계에 나타난 시각이 아무 상관 없다는 사실이 지구 출신에게는 기묘하게 느껴질 것 같다.

## 달 올림픽

당분간은 달 생활이 단조로울 가능성이 크다. 야외로 소풍을 갈수도 없고, 문화나 스포츠 시설도 부족하다. 예를 들어, 달에서 스포츠를 즐길 수 있을까? 아폴로 14호의 선장 앨런 셰퍼드가 골프를 친 게 달 최초의 스포츠다. 이 최초의 달 스포츠에서도 알 수 있듯이 지구의 스포츠를 달에 그대로 가져와서 즐기기는 어렵다. 중력이 작기 때문이다.

셰퍼드가 친 골프공도 지구에서라면 불가능했을 거리를 날아갔다. 달에 골프장을 짓는다면 지구에서 지을 때보다 훨씬 더 넓은 땅이 필요하다. 달에서는 그만한 공간을 마련하기가 거의 불가능하기도 하고 공을 따라 돌아다니는 일도 힘들다.

다른 스포츠도 마찬가지다. 야구는 쳤다 하면 홈런이요, 축구는 조금만 세게 차도 경기장을 벗어난다. 농구장에서는 누구나 덩크슛을 할 수 있다. 오히려 너무 높이 뛰어올라 림을 놓칠지도 모른다. 지구 스포츠에 미련을 못 버리겠다면, 무거운 공으로 시도해 볼 수는 있다. 6배 무거운 공으로 야구나 축구를 한다면 어느 정도 비슷하게 할 수 있지 않을까? 물론 저중력 때문에 몸의 움직임은 다를 수밖에 없다. 여기에 익숙해지면 지구에서는 할 수 없는 몸놀림을 보여주며 경기를 할 수 있다. 달에서 하는 스포츠는 비슷하면서도 색다른 맛이 있을 것이다.

저중력을 이용한 새로운 스포츠나 레저 활동을 개발할 수도 있다. 예를 들어, 인력 비행기는 어떨까? 지구에서는 사람의 힘으로 비행기를 공중에 띄우는 게 불가능하지만, 달에서는 저중력이라는 점을 이용하면 인력으로 날개나 프로펠러를 움직여 하늘을 날 수 있다.

만약 달에서 올림픽을 개최한다면 수많은 종목에서 신기록 갱신이 이루어진다. 200킬로그램을 들던 역도 선수가 1200킬로그램을 번쩍 들어 올리며, 2.4미터를 뛰던 높이뛰기 선수는 갑자기 14미터 이상을 뛰어넘는다. 멀리뛰기나 포환던지기 기록도 당연히 바뀐다.

달리기는 무조건 달이 유리하지만은 않다. 서중력 때문에 밤바닥과 땅의 마찰력이 작아서 땅을 박차는 힘이 줄어들기 때문이다. 하지만 마라톤 같은 장거리 경주에서는 보폭을 크게 해서 껑충껑충 뛰는 게 더 유리할 수도 있다. 비행기로 달의 중력을 흉내 내 러닝머신에서 달리는 모습을 관찰하는 연구도 이루어지고 있지만, 달에서 직접 해보기 전까지는 확실히 알기 어렵다. 확실한 건 국제올림픽위원회가 달에서 세운 신기록을 인정하지는 않을 것이라는 점이다.

달에서 공연을 연다면 저중력을 활용해 이색적인 무대를 만들 수 있다. 춤을 추어도 새로운 동작을 개발해 표현력을 풍부하게 만들 여지가 많다. SF 작가 배명훈은 단편《예술과 중력가속도》에서 무중력과 화성의 중력, 그리고 달의 중력에 맞춰 펼쳐지는 무용 공연을 다뤘다. 이와 같은 공연 예술가 역시 달에서 새로운 표현의 기교를 발견할 수 있을 것이다.

## 미래의 유배지

또 다른 SF 작가의 상상을 빌어보자. 우리가 흔히 펼치는 장밋빛 미래와 달리 달 거주지는 때때로 어둡게 묘사되기도 한다. 앤소니 오닐Anthony O'neill이 2016년 출간한《다크 사이드》는 달에 개척지가 형성된 미래에 일어나는 연쇄 살인 사건에 대해 다루는 소설이다. 이 소설에서는 장기간에 걸친 달 거주가 몸과 정신에 끼치는 영향을 연구하기 위해 죄수를 이용한다.

달 개발이 막 시작된 시기에 달에서 일하는 사람이 방사선 피폭을 당하거나 환각 같은 부작용을 경험하는 일이 잦아지자 지구에서는 교화의 여지가 없는 흉악한 죄수를 달에 보내 수용한다. 이들은 달의 뒷면에 만든 감옥에 갇힌다. 이 감옥은 사실상 집 한 채로, 죄수 한 명이 각각 집을 한 채씩 차지한다. 음식도 제공되고, 감시하는 간수도 없다.

우주복이 없어서 탈옥은 꿈도 꾸지 못하지만, 그 안에서는 행동도 자유롭다. 이에 대한 대가로 죄수는 정기적으로 신체 변화 데이터를 제공하고, 심리 검사를 받는다. 죄수를 일종의 실험 재료로 쓰는 것이다. 가볍게 생각하면 서로 이익이 되는 일로 보이지만, 실제로는 죄수의 인권 문제가 도마 위에 오를 가능성이 크다.

로버트 하인라인의 1966년 작 소설《달은 무자비한 밤의 여왕》에서 달은 아예 유배지다. 달 거주민의 대부분은 범죄자와 정치범, 그리고 이들의 후손이다. 권력은 지구에 있지만, 사실상 간섭을 하지 않기 때문에 이들은 나름대로 사회를 이루고 산다.

남성이 여성의 두 배나 되기 때문에 일부일처가 아닌 다양한 형태의 결합이 정상인 사회다. 달 중력에서 오래 살았기 때문에 형기가 끝나도 지구로 돌아가기는 어렵다. 결국, 지구의 압제를 받으며 광물과 곡물을 수출하며 살아갈 수밖에 없다.

그러던 달은 마침내 독립을 선포한다. 당연히 지구가 이를 제압하려 들면서 전쟁이 벌어진다. 국력으로만 따지면 지구가 우위에 있지만, 달에게도 비장의 무기가 있었다. 바로 지구로 화물을 쏘아 보내는 질량 사출기다. 사출기의 겨냥을 조금만 바꾸고 화물을 커

다란 바윗덩어리로 바꾼다면, 사출기는 지구를 직격할 수 있는 내
포가 된다. 지구에 비해 작은 바윗덩어리라고 해도 땅에 충돌할 때
의 운동에너지를 생각하면 원자폭탄이나 마찬가지다.

영화와 달리 우주에서 벌어지는 전쟁은 함대전보다 이런 양상
으로 전개될 가능성이 크다. 어느 한쪽이 못된 마음을 먹으면 금세
대량살상이 가능해진다. 참으로 어리석은 일이지만, 역사를 되짚
어 볼 때 인간은 얼마든지 어리석어질 수 있다는 것을 알 수 있다.

## 푸른 달도 가능할까?

달을 개척하는 가장 중요한 이유로 달이 우주로 진출하는 교두
보가 될 수 있다는 이야기를 앞서 한 바 있다. 달까지 진출해서 서
로 싸우다 멸망한다면 얼마나 부끄러운 일이 될까. 그보다는 달의
환경을 이용해 우주여행 기술을 개발하는 데 힘써야 한다. 중력이
낮아 우주로 나가기도 쉽고, 문만 열고 밖으로 나가면 진공이니 진
공 상태에서 해야 하는 실험을 하기도 좋다. 아마 우리가 제대로
된 방향을 선택했다면 달 표면이나 달 궤도에서는 화성으로 가는
우주선을 건조하고 있을 것이다.

그와 동시에 또 다른 대담한 계획을 생각해 볼 수 있다. 달을 살
기 좋은 곳으로 만드는 것이다. 지구 외의 행성이나 위성을 지구
처럼 만드는 일로, 테라포밍이라고 부른다. NASA에서 일하는 과
학자이자 SF작가인 조프리 랜디스Geoffrey Landis와 천체물리학자 겸
SF작가인 그레고리 벤포드Gregory Benford는 달을 테라포밍Terraforming

▲ 테라포밍에 성공한 달의 상상도. 달 정찰위성의 관측 데이터를 바탕으로 만들었다.

하는 게 가능하다고 주장했다. 중력이 작지만, 인간이 여러 세대에 걸쳐 살 수 있을 정도로 대기를 붙잡아놓을 수는 있다는 것이다. 흔히 테라포밍의 목표로 꼽히는 화성보다 가깝고 태양 빛을 더 많이 받을 수 있다는 장점이 있다.

이들이 제시하는 시나리오는 대략 다음과 같다. 사람이 살 수 있으려면 먼저 물이 풍부해야 한다. 현재 달에 있는 물로는 부족하다. 물이 더 필요하다. 물이 어디에 있을까? 혜성이다. 명왕성 바깥쪽에 있는 혜성의 궤도를 바꿔서 달을 향해 움직이게 한다. 궤도를 정교하게 조작해 혜성이 달의 적도에 떨어지게 한다.

혜성 한두 개로 되는 일은 아니다. 100개 정도는 있어야 충분한 물을 얻을 수 있다. 그 결과 달에 바다가 생긴다. 저지대는 물에 잠기고 고지대는 대륙이 된다. 태초의 지구처럼 산소를 만드는 미생물을 자라게 할 수 있다. 혜성 충돌의 충격을 이용해 달의 자전도 빠르게 만든다. 그렇게 해서 하루의 길이를 대략 지구와 비슷하게 만든다.

다음에는 유전공학으로 만든 식물을 달 표면에서 기르며 녹지를 넓혀 간다. 흙도 식물이 잘 자랄 수 있도록 비옥하게 만들어야 한다. 이제 지구에서 보는 달의 밝기는 예전보다 훨씬 밝아진다. 바다가 생겨 태양 빛을 더 많이 반사하기 때문이다. 기온과 대기 농도가 적당해지면 인간이 아무런 보호 장치 없이 살 수 있다.

## 우주로 가는 관문

물론 이것은 인간이 적어도 태양계 내에서는 자유자재로 다닐 수 있을 정도의 미래에나 시도해볼 수 있는 방법이다. 테라포밍에 걸리는 시간도 매우 길다. 수백 년 동안 꾸준히 해내야 하는 일이다. 인류가 그렇게 오랜 시간 동안 한 가지 일을 꾸준히 진행해 본 적은 아직 없다. 밤하늘에 빛나는 푸른빛 달을 보기 위해서는 한 번도 해보지 못했던 일을 해야 한다.

사실 모든 것이 처음이다. 달 착륙에는 성공했지만, 최초로 성공해야 하는 일이 앞으로 쌓여 있다. 달 도시 건설도, 대규모 이주도, 화성 진출도, 먼 외행성 진출도, 달 테라포밍도 모두 최초의 시도가 될 것이다.

달의 미래는 아직 아무도 모른다. 미국을 비롯해 여러 나라에서 달 탐사 계획을 세우고 있지만, 예정보다, 그리고 우리의 기대보다 많이 늦어질 수도 있다. 닐 암스트롱의 달 착륙을 보며 달나라로 여행을 가겠다고 꿈꾸던 어린이가 벌써 노년에 접어들었다. 지금 현재 우주를 꿈꾸는 아이들마저 실망하게 하지 않으려면 우리는 달부터 차근차근히 계단을 밟아나가야 한다. 한 걸음 한 걸음 걷다 보면 눈앞에 새로운 우주가 펼쳐질 것이다.

# Part 1 달, 특이한 우리의 이웃

《달 탐험의 역사》 레지널드 터닐, 이상원 옮김, 도서출판성우(2005)
《대충돌: 달 탄생의 비밀》 다나 맥켄지, 마도경 옮김, 이지북(2006)
《동서양의 고전 천문학》 휴 터스톤, 전관수 옮김, 연세대학교출판부(2010)
《별의 계승자》 제임스 P. 호건, 이동진 옮김, 아작(2016)
《한국과학사상사》 박성래, 책과함께(2012)
《SF명예의 전당1: 전설의 밤》 아이작 아시모프 외, 박상준 외 옮김, 오멜라스(2010)
《A History of Astronomy》 Anton Pannekoek, Interscience(1961)
Celestial mechanics and polarization optics of the Kordylewski dust cloud in the Earth-Moon Lagrange point L5 - I. Three-dimensional celestial mechanical modelling of dust cloud formation, Monthly Notices of the Royal Astronomical Society 480, Issue 4, 5550-5559(Nov 2018)
Forming the lunar farside highlands by accretion of a companion moon, Nature 476, 69-72(04 August 2011)
Modern Mysteries of the Moon: What We Still Don't Know About Our Lunar Companion, Vincent S. Foster, Springer(2015)
https://www.independent.co.uk/news/science/archaeology/features/lunar-eclipse-blood-moon-myths-legends-inca-evil-omen-folktales-a8465866.html(2019.3.28.)
https://news.nationalgeographic.com/news/2014/04/140413-total-lunar-eclipse-myths-space-culture-science(2019.3.28.)

# Part 2 달을 보면 떠오르는 생각

《2001 스페이스 오디세이》 아서 클라크, 김승욱 옮김, 황금가지(2004)
《달: 낭만의 달, 광기의 달》 에드거 윌리엄스, 이재경 옮김, 반니(2015)
《달나라 탐험》 쥘 베른, 김석희 옮김, 열림원(2005)
《마션》 앤디 위어, 박아람 옮김, 알에이치코리아(2015)
《세계 신화 이야기》 미르치아 엘리아데&조지프 캠벨&세르기우스 골로빈, 김이섭&이기숙 옮김, 까치(2001)

《아서 클라크 단편 전집 1953-1960》, 아서 클라크, 고호관 옮김, 황금가지(2009)

《우주복 있음, 출장 가능》 로버트 하인라인, 최세진 옮김, 아작(2016)

〈월하정인〉에 뜬 눈썹 - 달의 비밀, 〈과학동아〉(2011년 9월)

《중국신화전설》 위앤커, 전인초&김선자 옮김, 민음사(1998)

《지구에서 달까지》 쥘 베른, 김석희 옮김, 열림원(2005)

《A Fall of Moondust》 Arthur Clakre, Gollancz(2002)

Comical History of the States and Empires of the Moon, Cyrano de Bergerac
https://archive.org/details/voyagetomoon00cyra/page/n11(2019. 3. 28.)

Kepler's Place in Science Fiction, Donald Menzel, Vistas in Astronomy 18, 895-904(1975)

Kepler's Somnium: The Dream, Or Posthumous Work on Lunar Astronomy, Johannes Kepler, Dover Publications, Inc.(2003)

Lucian's True History, Translated by Francis HIckes, The Project Gutenberg(2014)

Lunar cycles and violent behaviour, Australian&New Zealand Journal of Psychiatry 32, Issue 4, 496-499(Aug 1998)

《Moon: Art, Science, Culture》 Alexandra Loske, Ilex Press(2018)

Moonstruck? The effect of the lunar cycle on seizures, Epilepsy&Behavior 13, Issue 3, 549-550(Oct 2008)

《Prelude to Space》 Arthur Clarke, Ballantine(1993)

The Metamorphoses of Ovid Vol. I, Books I-VII
https://iwp.uiowa.edu/silkroutes/city/bangalore-india/text/cultural-lens-childrens-stories-why-ganesha(2019.3.28.)

https://www.donsmaps.com/lacornevenus.html(2019.3.28.)

## ⟨Part 3⟩ 달 탐험의 역사와 미래

《과학사신론》 김영식&임경순, 다산출판사(1999)

《과학혁명》 김영식, 아르케(2001)

《그리스 과학 사상사》 조지 E. R. 로이드, 이광래 옮김, 지성의 샘(1996)

《달 탐험의 역사》 레지널드 터닐, 이상원 옮김, 도서출판성우(2005)

《동서양의 고전 천문학》 휴 터스톤, 전관수 옮김, 연세대학교출판부(2010)

《인류의 가장 위대한 모험 아폴로 8》 제프리 클루거, 제효영 옮김, 알에이치코리아(2018)

《A History of Astronomy》 Anton Pannekoek, Interscience(1961)

Craters On The Moon From Galileo To Wegener: A Short History Of The Impact Hypothesis, And Implications For The Study Of Terrestrial Impact Craters, Earth, Moon, and Planets 85, 209-224(Jan 1999)

《Modern Mysteries of the Moon: What We Still Don't Know About Our Lunar Companion》 Vincent S. Foster, Springer(2015)

《The Moon: A biograph》 David Whitehouse, Headline Review(2002)

https://history.nasa.gov/afj/index.html - 아폴로 승무원의 대화 기록

https://curator.jsc.nasa.gov/lunar/lunar10.cfm(2019.3.28.)

## (Part 4) 미래는 달에 있다

《다크 사이드》 앤서니 오닐, 이지연 옮김, 한스미디어(2017)

《달은 무자비한 밤의 여왕》 로버트 하인라인, 안정희 옮김, 황금가지(2009)

《소행성 적인가 친구인가》 플로리안 프라이슈테터, 유영미 옮김, 갈매나무(2016)

《신의 망치》 아서 클라크, 고호관 옮김, 아작(2018)

《아르테미스》 앤디 위어, 남명성 옮김, 알에이치코리아(2017)

《예술과 중력가속도》 배명훈, 북하우스(2016)

《우리는 지금 토성으로 간다 - 우주 개발의 현재와 가능한 미래》 찰스 울포스&아만다 헨드릭스, 전혜진 옮김, 처음북스(2017)

Cosmic collisions and galactic civilizations, Astronomy & Geophysics, 39, Issue 4, 4.22-4.24(Aug 1998)

《Return to the Moon : Exploration, Enterprise, and Energy in the Human Settlement of Space》 Harrison Schmitt, Copernicus(2007)

http://www.bbc.com/future/story/20151218-how-to-survive-the-freezing-lunar-night(2019.3.28.)

https://slate.com/technology/2014/07/terraforming-the-moon-it-would-be-a-lot-like-florida.html(2019.3.28.)

# 우리는 왜 달에 가야 할까?

10여 년 전 어느 방송사에서 우주인을 선발한다며 그 선발 과정을 생방송으로 편성한 적이 있었다. 수많은 사람이 지원했고, 그때 일하던 잡지사의 동료였던 안형준 기자 역시 대한민국 최초 우주인이 되기 위해 도전했다. 주변 사람들 중에 우주인이 탄생할 수도 있다는 생각에 신기해했던 게 기억난다. 안타깝게도 그는 우주인 선발 30인 안에 선발된 것만으로 만족해야 했고, 결국 우주인 후보로 고산과 이소연이 됐다.

이후 이 둘은 유리가려린 우주인 훈련센터에서 기초훈련을 받았다. 훈련을 받는 도중 고산은 탈락했고 결국 대한민국 최초 우주인은 이소연이 됐다. 그녀는 카자흐스탄 바이코누르 우주 기지에서 소유즈 TMA-12호를 타고 이륙했고, 국제우주정거장(ISS)과의 도킹에 성공했다. 그렇게 11일간 우주를 비행하고 돌아왔다. 하지만 우주인 배출 이후 활용 계획이나 추가 우주인 양성 계획 등이 구체적으로 마련되지 못한 채 씁쓸하게 시간만 흘러갔다. 우주 시대의 막을 열 것만 같았는데, 문에 다가서기만 하고 제대로 열지 못했다.

우리는 왜 달에 가야 할까? 과학사로 석사 학위를 받고 13년 동안 과학전문 기자로, 편집장으로 일했던 고호관 저자의 《우주로 가는 문 달》을 보면 그 이유를 잘 알 수 있다. 고호관 저자의 말처럼 우리는 시야를 넓혀야 한다. 물론 퍽퍽한 삶에 고단함을 느낄 때도 있겠지만 언젠가 우리 후손들이 지구에 살 수 없을 때를 대비해야 한다. 달을 디딤돌 삼아 우주에 기려면 먼저 달에 관해 잘 알아야 한다.

잡지사에서 출판사로 회사를 옮겼던 난 그와 여러 권의 책을 만들었다. 그중에서 이 책은 그가 나에게 처음으로 만들자고 제안한 책이다. 그만큼 그는 '달'에 관해 많은 관심을 두고 있다. 달에 관련된 신화부터 탐사 기록, 연구 결과까지 차분히 정리했다. 방대한 자료를 찾아 정리하면서도 본인의 철학을 고스란히 담아냈다. 게다가 술술 잘 읽힌다.

이 책을 편집하며 많은 독자들이 가까이 있어도 미처 잘 몰랐던 달을 재발견하길 바란다. 더불어 우주로 향하는 꿈을 꾸길 희망한다.

마인드빌딩 기획책임자 심미정

# 우주로 가는 문
# 달

**초판 1쇄 발행** 2019년 4월 30일

**지은이** 고호관
**발행인** 서재필
**기획책임자(CPO)** 심미정
**디자인** 이유진
**인쇄제본** 김용문·(주)상지사P&B
**용지** 우승헌·(주)타라유통

**발행처** 마인드빌딩
**주소** 경기도 고양시 덕양구 도래울로 86, 309-601
**출판신고** 2018년 1월 11일 제395-2018-000009호

**이메일** mindbuilders@naver.com
**블로그** blog.naver.com/mindbuilders
**페이스북** www.facebook.com/mindbuildings

한국어출판권 ⓒ 마인드빌딩, 2019

ISBN 979-11-90015-01-1 (03440)

이 도서의 국립중앙도서관 출판예정도서목록(CIP)은 서지정보유통지원시스템 홈페이지(http://seoji.nl.go.kr)와 국가자료공동목록시스템(http://www.nl.go.kr/kolisnet)에서 이용하실 수 있습니다.(cip제어번호:CIP2019012900)

책값은 뒤표지에 있습니다.
잘못된 책은 구입하신 곳에서 바꿔드립니다.

마인드빌딩에서는 여러분의 투고원고를 기다리고 있습니다. 출판하고 싶은 원고가 있는 분은 mindbuilders@naver.com으로 기획 의도와 간단한 개요를 연락처와 함께 보내주시기 바랍니다.

# 디테일에 집착하면 전체를 보지 못한다
## 객관적으로 전체를 볼 수 있는 '추상'의 힘

"난 추상적으로 생각합니다.
추상적인 것이 객관적이거든요."

구체적인 삶을 강요받는 사람들을 위한
추상적으로 사는 법

《모든 것이 F가 된다》의 저자 모리 히로시
삶의 본질을 꿰뚫는
발상법과 생각법

일본 누적 판매
1,600만부
스테디셀러 작가

한국능률협회
추천도서

일본 누적 판매
1,600만부
스테디셀러 작가

한국능률협회
추천도서

구체적인 삶을
강요받는 사람들을 위한
추상적으로 사는 법

# 생각의 보폭

모리 히로시 지음 | 박재현 옮김 | 값 15,000원